U0221522

博物行记

杨莎　主编

中国科学技术出版社

· 北京 ·

当你全神贯注对着一朵花深思冥想，

但在心智上不定义它的时候，

它就会成为你进入无形世界的一扇窗户。

大地上的事

　　本来约定不啰嗦了，但出版社杨虚杰女士讲了若干理由，嘱我写几句，只好从命。

　　要交待的事情，杨莎主编其实都已经讲清楚了。

　　首先这部小册子不难读，信息量蛮大。真人真事，真情实感，不矫情；以个人视角书写"大地上的事"，人在旅途、人与自然。

　　其次，小册子的作者有许多，但有一个共同点，都是或曾经是我的学生。

　　现在看，"博物"是个颇有包容性、概括力的古老字眼，经过大家多年的吆喝和等待，不同领域越来越多的人开始对此感兴趣。人类学、民俗学、民族学、植物学、动物学、科学史、环境史、文化史、文明史、现象学、科学哲学等都自然而然地与博物关联起来，工业文明批判、女性主义、地方性知识、科学编史等更具体的话题更是无法绕过"博物"两字。感谢北京大学的自由、包容，我才有机会在哲学系下带博物学方面的硕士和博士研究生。我当然能讲出许多做博物的理由，如波兰尼的科学哲学、梅洛—庞蒂与胡塞尔的现象学、现代性反思、科学编史纲领的探讨等均涉及到博物。但在现有体制下，严格讲，研究博物并不很合规矩（完全合规矩的事又很没意思）。在相对的意义上粗略地说，博物包含一阶层面和二阶层面的内容，如果踢球算一阶，那么侃球就是二阶。显然一阶与二阶关系密切，缺了谁也不成。但招研究生，并保证研究生顺利毕业、拿到学位，在我们哲学系下是不能做一阶工作的。我们打出的招牌也是博物学史或博物学文化研究，这属于二阶博物。

也就是说，二阶合法，一阶不合法。直接看花、观鸟（一阶）在哲学标题下无论如何是不合法的，而研究他人如何看花、如何观鸟（二阶）以及在此过程中触及的认识论、方法论、存在论经过某种狡辩才可能是合法的。这一点让我和学生都很纠结。新生报考时之所以选择我这个方向，坦率说相当程度上是因为一阶，我放在博客上的招生提示中也强调考生要有某一项一阶爱好，如对植物、昆虫、岩石等有兴趣。但是，一旦入学，我便"翻脸"，强调只有二阶的工作才能拿到学位。的确有人声称"上当"！

我个人一阶和二阶都做一点，本性上更喜爱一阶工作。谁不爱玩呢？一阶与玩关系密切，对于我这样的人，一阶就是玩（我才不管它科学与否呢，我只是借用科学来帮助玩），也是生活。我想象不出，我的个人生活中删除了一阶博物会怎样。我也讲过，"看花就是做哲学"，这当然需要解释。玩与玩不同。

但为了对学生负责，我只能像对自己的孩子一般提醒他们：至少在校的几年中要适当压抑一下玩的冲动，要集中精力把科学史、科学社会学、科学哲学的基础打好，聚焦研究的主题，最终写出一篇符合要求的学位论文，至于毕业后做什么、如何做那是另一回事了。带研究生其实并非只为了让学生拿到学位，教书育人才是根本。教学和作业点评中不断强调二阶，出于不得已，多少有点言不由衷。但没办法，时间有限，如果不这般提醒，多数学生恐怕无法顺利毕业。也确实有没拿到学位的。辛苦读了若干年，多者达八年，竟然没拿到学位，确实非常遗憾。不过，话说回来，有学位怎样，没学位又怎样？学生走向社会，只要个人感觉好，能做对社会有益的事情，一切就行了。

因此，培养学生中，我并非否定一阶博物。实话说，没有一阶的深情、基础，二阶不大可能走多远，反之亦然。有机会我也会带学生外出登山、看植物等，也鼓励他们直接与大自然之书打交道。遗憾的是，我的学生中迄今无一人认识的植物比我多，王钊倒是有希望超过我。多年前我提议，由姜虹组织协调，汇集刘门学生的一阶博物工作，我负责找人正式出版，也算鼓励一下他们。也表明，不仅仅强调二阶。我当初提的要求很简单：①要真实，最好用第一人称；②不要写成刻板的论文，尽可能在一阶层面上撰写。后来姜虹忙于写学位论文，此工作就转给师妹杨莎来做，转眼杨莎也毕业了，当大学老师了。

2012 年 9 月 5 日"刘门"部分学生在赤城海陀山观察、拍摄植物

　　为写此序，又读了一遍学生或曾经的学生的文字，他们很可爱，我对他们更了解了。

　　也期待其他读者能有收获，博物自在！

刘华杰

2016 年 7 月 11 日于崇礼

7 月 12 日修订于西三旗

写在前面

　　本书收录文章皆为"刘门"弟子所作。刘华杰老师近年来倡导博物学，自己游山玩水，观花赏草，不亦乐乎。对于所指导学生亦有如此期许，希望我们不但能"读万卷书"，也要"行万里路"，途中更要"多识于鸟兽草木之名"，博闻广识。这样不仅仅是为了丰富生活世界；我们的专业领域是博物学史研究，没有博物学体验而从事博物学研究，多少有点纸上谈兵的味道。本文集即我们身体力行漫走博物的花絮。

　　广义的"博物"包罗万象，自然物和人工物皆可纳入其中，除了基本的动物、植物、矿物，还包括山川景观、风土人情、建筑、美食、服饰、器具等等。本文集亦是如此。文章是按照作者的入学年限排列的，不过要粗略分类的话，可以按内容大致分为童年博物、旅行博物和典籍博物三类。

　　巧合的是，几位忆童年的作者忆的都是在乡下度过的童年；原来师兄弟姐妹中有不少人出生成长于乡村，其中也包括我。我们这一代人，虽然不敢说是中国最后一代由乡村来到城市的年轻人，但也许属于大规模城市化中的最后一代。如这些文章中所反映的那样，如今的乡村大多已空寂；因此这些作者们所记录的乡村生活，实乃对中国一个时代片段的文字回忆。成长于乡村或许有种种不便，但幸运的一点是，可以和自然亲密接触，不知不觉中就认识了许多动植物。这或许是驱动作者们后来进入博物学研究领域的一大因素，也是选择在本书中回忆童年的原因所在。

旅行日志的作者们则将脚印留在了全国甚至全球各地：西藏、新疆、东北、云南以及东南亚、中亚、欧洲、北美等等。这其中，无论是为挑战自我而登山、徒步，还是为寻找信仰而远行，又或是机缘巧合得以体验异域生活，都是人生中的宝贵经历和成长见证。借此了解其他种种景观文化，也可使人免于狭隘，增添生命的广度和厚度。

最后，还有一位学识渊博的同门贡献了几篇"典籍书画中的植物"，介绍了金莲花和阴行草，所涉种种文史知识，都非常有趣。其实他也行了"万里路"，只不过在本书中担当起展现"万卷书"的重任，以示我们并未"不务正业"。

这些文章都是作者们在大学毕业之后十余年内写的。对于人生来说，这十年正当好年华，青涩已褪，稚气已脱，但尚称不上成熟，更未麻木，对于人生和世界还有种种疑惑和希望；有了一定的独立和自由，且尚未被家务俗事缠身，还可以来一场说走就走的旅行。这期间的回忆、经历、体验和情感以及对于意义和信仰的追问，本都是极私人、极当下、极易消逝的；现今付梓，便是置之于公共空间，便是以某种方式被呈现、被了解、被记忆。如此，无论对于作者还是对于读者来说，大概都是一件幸事。

杨莎
2015 年 11 月 9 日于畅春新园

目 录

作者文章分布

周奇伟　《碧罗雪山行》《泰国印象》

徐保军　《陋室花枯荣》《两只螳螂》《史先生家的狗》《行走内蒙古林区》

熊　娇　《童年时代的"乡村博物学"》《院子里的梧桐树》《在乡下养狗》

姜　虹　《多伦多的冰雪记忆》《空乡》

杨　莎　《麦迪逊的动物们》《冬日里的印第安高地》

刘　星　《且歌且行且珍惜》

邢　鑫　《西日本博物学访古》

王　钊　《皇室颜色的金莲花》《阴行草》

许　玲　《翁丁村游记》《伦敦博物游》

铁春雷　《故乡的山川》

孙才真　《八宝花》《平房》《南方的岛：诗一组》

余梦婷　《过客》

马　洁　《尼泊尔之行》

碧罗雪山行

遥看山色翠，临湖碧更深，杜鹃花中卧，夜半雨打春。

游山玩水，寻花问草，自古风雅之事。但若从东向西，走上一个台阶，踏入三千米之上的山，便与风流雅致无甚关联了。那些野性十足的山峰，用它们的神秘吸引我不断进入。令人屏息的美、让人惊叹的艳，都不是寻来的，是硬生生塞给我的，人只能卑微地在其中挣扎，却又满怀好奇，忍不住地去探究上帝留下的"第二本圣经"。

在中国第一、第二阶梯的交界处，有一组走向略显特殊的山脉。清末江西贡生黄懋材至此考察水文，见江流中间的山"并行迤南，横阻断路"，取名"横断山"，沿用至今。横断山脉地貌的形成，主要源于第四纪多次的冰川作用，曾经广阔的基面，在漫长的岁月中，塑成了高耸的山岭和狭长的河谷盆地。冰川写意地侵刮后，留下的是壮阔的大河、美丽的高山湖和曾吸引世界各地博物学家争相来寻的丰富动植物资源。此地有四条几乎平行的河流，自西向东依次为独龙江、怒江、澜沧江和金沙江，其中后三者形成的"三江并流"奇观，在全世界也无出其右。

　　碧罗雪山就坐落于怒江和澜沧江之间，由云南的维西县跨进兰坪县，经中排、古登、营盘、兔峨四个区后南入云龙县，绵延120千米，面积约1200平方千米。这里气候多变，高山湖泊云集，当地人称"万瀑千湖"之山。很早就听说了它的美，终于在2010年的夏天有机会走进它的神秘。选一条几无游人的线路，从澜沧江边的中排县进山，翻过最高峰老窝山旁的垭口，然后下到福贡县旁的怒江。

　　颠簸的土路延伸到中排县，过了澜沧江很快就只能徒步了。近一天的脚程，过两三个山村，可以到达山里最深的村子——老窝村。村里大概二十多户人家，我和同伴宿在最近山的一户。木结构的房子，一层牛棚，二层住人，可以少许隔绝山中潮气。竹草编的墙和地板，很有味道。半夜的牛叫令人久久不能入眠，清晨的鸡鸣又催人早早醒来。带些米，做饭的工具，一大张塑料纸，一把亮闪闪的柴刀和少许杂物，我们跟着向导在朝阳晨露中出发了。

老窝村

进山没有路，全凭向导对山的熟悉。那些只有从小在此跌打滚爬才能了解的知识，是逐渐被现代社会所忽略的东西。它们虽不具有普适性，也不是那样的规整易懂，却是那么的温柔，仿佛家长偷塞给孩子的小宝贝，每一样都值得向外人炫耀。我们在半人高的草木中穿行，远望老窝山顶云雾缭绕，近观山石树木水灵通彻。碧罗雪山如一道浓绿屏障，时见一泻如洗的瀑流，直直落入老窝河中。河水声潺潺，萦绕耳畔忽远忽近，在山谷中奔走，时缓时急，汇入德庆河中，最后一股脑的冰清玉洁一头栽入澜沧江滚滚浊流之中。从老窝村上到老窝河一段，有很多引人注目的电线支架，一个比一个高立于茂密的树林中。这些电线将电从福贡县通到老窝村，据说几年前竖这些电线支架时，从大理调了300匹骡马过来，大队人马带着铁条上来架电线，累死的骡马就有100多匹。然而马也只能到老窝河，绕一条较为平缓的路到福贡，从老窝河再往上就只有一种行走方式——徒步。

　　老窝山头在一团云雾中，而我们不知不觉已经走了进去。雨就在这时候开始下起来，湿漉漉的老窝山留给我们的是泥泞的路和滑溜溜的石头。渐渐跟不上向导的脚步，时不时要叫他停一下。在山腰丛林中连走带爬地向前，汗水混着雨水，苦行多于看景，不知道前方还有多少路，也就不敢停留。正在这时候，向导停在了一个树丛空隙中。我们说下着雨就不休息了，继续走吧，他笑笑说，你们看下面，这是八卦湖。

　　八卦湖就这么猝不及防地出现在了我们眼前，被郁郁葱葱的树林包围着，湖水应该不深，但看着却深邃，那种深邃并没有被雨点打乱，依然难言的平静，也许这种感觉来自于它的深藏山林。长圆形的湖面被浅绿色的水草条条分割，略有点像八卦图的意思，由此得名。我想这个名字是后来游人给取的，向导没说这湖的傈僳语名字，也许最初这里并没有被他们当作是湖，和它身后的念波湖相比，这里只是一片水草丛深的平缓水面。俯瞰八卦湖，在深深浅浅的碧绿之中，整个画面只有一种色调，却丝毫不显得单调。没有机会在此多作停留，它的到来是那样的突兀，我们的经过又是怎样的匆匆。

八卦湖是我们进山遇到的第一个冰碛湖，碧罗雪山上大大小小的湖泊都属于这种类型。冰川移动时啃食地面，消融后退时，所挟带的

八卦湖

砾石在地面堆积，形成四周高中间低的洼地，汇聚山泉雨水形成湖泊。因此这些湖泊面积都不大，有深有浅，样态迥异，散落在碧罗雪山2000~3500米的各处。湖边的植被则随高度而各不相同，八卦湖边多高大的松柏，花草浓密，和我们最后遇到的瓜地地依比（音译傈僳语，依比为"湖"的意思）相近。

过了八卦湖有不少竹林，再走不远，就是碧罗雪山最出名的念波湖了。路过的时候我并没有察觉，向导拨开一处树丛指给我看，那就是神湖念波依比。虽然在我看来似乎无路可以下到湖边，但向导说能够下去，只是雨下得太大，比较危险，我想既然是神湖，那就远观而不亵玩了吧。和八卦湖相比，念波湖要大得多，像一个脚印的形状，一头是从上而下的山泉，一头则流到下游的八卦湖。环湖密密的树林，翠色浓郁，然而湖绿得更深许多。几缕缭绕水气下，湖面在雨中泛着粼粼波纹，湖水幽深莫测，仿佛无论把什么投进去都可以在那一片幽深中消失淹没。傈僳族将其视为神湖，也许是因为只有这样的幽深才可以溶解心中所有的浮云冗尘。

过了念波湖，有块稍平坦的草地，我们就在雨中支起帐篷，生火做饭。山涧清冽甘甜，随处可取。煮饭的间隙向导取了一小段竹子，利用一个没用掉的雪碧瓶子，竟做了个水烟筒，抽起烟来。我们扎营的地方在海拔3500米左右，水是烧不开的，饭自然是夹生的，菜就是昨晚吃剩下的猪肉，还有用猪肠子做的酱。尽管几乎是半生不熟的白饭，然而因为一天太累了，吃了两碗还不够。吃完饭，天也差不多黑了，

念波湖

雨稍稍停了一阵，居然还有几个星星探出了头，可惜没有赶上晴好天气，不然定是满天星斗。我和同伴把身上的衣服和鞋子烤干，又烤了几根山竹笋吃了，这才回帐篷睡觉。这时雨又下了起来，啪啪地打在帐篷上，沙沙地落在竹林中，我们听着雨声和大山一起沉沉入睡。

山色在一夜雨中洗出娇嫩欲滴的效果，我们收拾好行囊出发。山愈往高处泥土覆盖越少，裸露的石头逐渐占据了山路的主要部分，山上的树逐渐地稀少。抓住那一层薄薄的土的是满开的杜鹃花。花色有红的、粉的、橙的、黄的、白的，单色为主，植株不高，多为贴地而生。白色的花型最大，小碗口那样，黄色的花型最小，似一指铜铃。以前看过很多杜鹃花，却并不知道它原是生长在海拔 3000 米以上的山中。

如此的倔强又如此的娇艳，怀着顶风冒雨的坚韧性情，露着娇生惯养的柔弱姿态。眼前是一片乱石铺地，积雪融水从石头与石头的空隙间四散流下来，周围除了杜鹃花便没有显眼的植物了，看样子距离山顶不远。要去七星湖，就要从这儿往右手边的山坳深处绕进去，要去福贡就从左手边斜着上山脊，走到垭口处，翻下去。也就是说去七星湖相当于是要走个来回的，同伴儿非常主动地申请留下来看包，我和向导空身前往七星湖。

在路上

我忽然觉得很激动，并不是期待七星湖有多美，只为她的那份深藏，那份远离喧嚣，就足以让我有一种闯入禁地的兴奋。去七星湖的路，其实算不上路，全凭向导的直觉，在贴地而生的杜鹃花丛中穿过，在山间一片片小小的湿地中越过，在凌乱的巨石间跳过，我一路紧跟着向导的步子，几乎没有怎么停歇。天空略略地放晴了一下，周围的一切变得清晰起来，就像遮盖的布头慢慢掀起，一幅幅惊世之作显露眼前。然而我并没有停下脚步来欣赏，仿佛我就是这画中一笔、诗中一句，我的脚步好似一个个音符在一首跌宕婉转的曲子中前行。我甚至忘了停下来端起相机拍照，只是不愿意停下脚步，不愿意舍弃这好不容易抓住的美妙节奏。

昨天在雨中初识的念波湖如今就在脚下，依然青葱环抱，雾气缭绕，每次一回头的时候总忍不住多看两眼，那份深邃一次次把我的心拉了进去。不知道穿过多少片杜鹃花丛，跨过多少涧流浅泽，跳过多少乱石岩岗，终于来到一个小小的垭口，从高耸的山石中穿过，就好比过了一道门，门外是人间胜景，门内是世外桃源。向导回头告诉我七星湖到了的时候，我似乎并不感觉吃惊，就在我过垭口的时候仿佛已经知道了自己闯入了七星湖区。

我缓缓走到向导站着的地方，故作不经意地向下望去，一个状如倒葫芦的湖面静静地躺在山中，看不到湖水的清澈，只看到明晃晃如镜子般的闪亮。还没等我细细地打量，向导说这是第四个湖，往前走还能看到前三个，后三个在第四湖下面，走过去来回要一天，估计是看不成了。继续沿着山脊的一侧往前走，不过五六百米，前三个湖相继露面。在山的最深处，岩石和积雪之中，一湖以一种居高临下的姿态端坐于其中，远远地只能看到它的一角，在云雾中时隐时现。湖边几乎没有植被，高冷如她，不需花草相拥。从一湖有一股洁白如雪的瀑流注入二湖，二湖四周不再是冰冷的岩石和积雪，而是五色鲜艳的杜鹃花，几乎囊括了一路过来看到的各种花色，每一朵都拼了命地绽放，逼人的眼，虽远看着却切近。湖水碧蓝，平静得看不出涟漪，如遗落花丛中的一块补天石。它不是在鲜花的簇拥下陈列；在这蛮荒的山野，它是上天不经意落下的至宝，独自安静地躺着，不求被欣赏和称赞。三湖躲在二湖的后面，身后不是杜鹃花而是翠绿的灌木，深邃中透着神秘。不过它的深邃与念波湖的深邃不同，后者让人觉得沉静。心如入湖沐浴一般，而它却拒人千里，那份幽蓝仿佛只在天边。四湖是形状最为独特的，曲折而狭长，湖光似明镜，它的诱

七星湖之四湖

感不在于其自身，而在于所引向的那消失于翠绿山林的尽头——我这次无法一睹其貌的五、六、七湖。七星湖是碧罗雪山高山冰碛湖中一个非常完整而多姿的系列，只见其四，是一种遗憾，也是一种保留。

回到同伴那儿，背上背包，我们朝去七星湖反方向的路斜斜地往上走，先是瀑流、水塘、杜鹃花，随着高度的上升只剩下石头和苔藓。我们的脚步就踏在山的脊梁一侧，那是并不轻易示人的地方。走在云里，雨就这样从四面八方扑过来，不大不小，足以让脚步凌乱，让视线模糊。也许是因为高度过了一个坎，也许是因为体力经过一天的攀爬降了一个格，也许是因为背上的背包给了太多的压力，之前去七星湖那般的轻快早已无影无踪，取而代之的是粗重的喘气和沉重的脚步。从山脊的一边跨到了另一边，雨越下越大，石块越来越滑，脚步越来越慢。这一刻，碧罗雪山展现的不是它的美丽，也不是它的神秘，而是一种近乎残酷的冰冷、不近人情的苍浑。它的气息沉重得让人无法靠近，它的脊背嶙峋得让人不寒而栗，我们的渺小和无力在它面前显露无遗。然而这才是碧罗雪山真正的魅力，这才是山脊的灵魂所在。那不是如田园诗歌般的轻快美妙，不是所有的人都可以咀嚼得起的味道，那是一种近乎让人窒息的荒蛮与冷酷，那是任何人的胸怀都装不下的雄浑与沧桑。然而这样的味道，只要你曾经咬牙尝过一次，它便如毒品般在你血液中野蛮地冲撞，此生欲罢不能。

走过这段山脊，站在垭口之上，忽得云开雾散，太阳瞬间露出光芒。在这一刻你可以作所有可能的跟信仰有关的想象，我的激动无以表达。

翻过垭口后没有风雨、没有阴霾，平静安详得仿佛到了另一个世界，满坡的杜鹃花，让我们怀疑刚才的一段路是否真实。心灵和肉体在经过一次酣畅淋漓的洗礼后，彻底地放松，我们不用拼命地挣扎前行，大山苍劲的灵魂再一次覆以美丽和恬静，远远地可见蓝天一角，杜鹃花始终是这个高度的主旋律，开在脚步所到之处。

　　在一小片杜鹃花丛中的空地，我们宿营，全无卧于花中的浪漫。从这个小小的营地，恰好可以看到树丛中露出来的"瓜地地依比"（傈僳语发音，汉语叫达友湖）。我忽然很向往在那样的湖边宿营，只是

杜鹃花中宿营地

今天肯定来不及走到那儿，明天又只能匆匆路过。

天快黑的时候才吃上晚饭，照例是夹生的白饭，拌着猪肠做的酱，我并不十分反感这样的食物，肚子饿了什么饭都能吃下两大海碗。吃过饭在火堆边把湿了半天的衣服烤干，天已经黑得伸手不见五指了。也许在这方圆十多千米的山中，只有我们这一堆篝火，这样的感觉很好。然而毕竟我们和山的关系还太浅，如果没有向导恐怕是无法在这里生存的，只是隐隐之中已然可以感受这山的脉搏与气息，已然可以体会一种浑然一体的感觉。我们和山一起沉睡，一起醒来，一起激越，一起安静。夜深了，只剩下流水的声音，偶尔的虫鸣，听着听着便睡着了。

在碧罗雪山的最后一天行程就如同大江大河的下游，经历过了激越跌宕，最终归于平静，缓缓将我们送出这一片神奇。清晨依旧在篝火的噼啪声中醒来，我们走出帐篷的时候向导已经开始做饭了。出发，眼前的瓜地地湖在晨光中闪亮着，微露中的杜鹃把山色点缀得愈发粉嫩。不知不觉脚下的路开始泥泞不堪，我们就这样来到了湖边，湖水平静无涟漪，清澈得让人觉得好像只是浅浅的一潭水。湖边很多地方都是一挤就出水的烂泥，覆盖着各种嫩绿色的草叶，半腐的树干歪歪斜斜地躺在里面。瓜地地湖没有神秘，没有深邃，没有惊艳，没有气势，就好像一泓泼到你心里的水，可远观亦可抚玩，走过路过只想在这里静静地坐一会儿、发个呆。我们从那些零散的腐木上走过，这一根跳到那一根，稍有不慎就会踏入烂泥。就这样从瓜地地湖边走过，腐木和烂泥的路延续将近一个小时。令人吃惊的是我们一路上走过那么多"独木桥"，居然没有失误。就在一步步远离这个湖的时候，我一次次地回头，如果还有机会再来，我希望在它的身边睡上一晚。

瓜地地湖

过了瓜地地湖树林开始浓密起来，路也渐渐地好走，沿路时不时地可以听到瀑布跌落的声音，拐过一两个弯就能在树叶的缝隙间看到白带如练。走不多远，终于在两天后看到了除我们之外的人，他们背着沉重的箩筐从福贡进山。每次迎面路过三五个有着纯朴笑脸的山民，他们和我们打招呼，我看着他们筐中那冷酷的电锯，心中只能隐痛。

怎样才是玩得深入，玩得地道？我们从山林里穿过，在山脊上颤抖挣扎，一路披荆斩棘，风吹雨淋，就地砍柴生火，听着大山的沉重呼吸睡去又醒来，我们用自己的双脚前进，把自己的身心抛进去感受，我们甚至渐渐习惯了这样的日子，然而玩得够深入吗？我们依然只是匆匆过客，对于这周围的一切是异类的存在。在很多年以前有一个青年来到这片山里，用自己的手建造了此间的生活。老窝村，原意就是独家村，现在渐渐地也有了四十多户人家。只有他们是真正能够理解这方山水的，只有他们的足迹是深深地踏入山里的。向导说他二十多岁的时候一个人在山里玩，走遍了这里大大小小的坡和峰。也许我是比较偏激的，但一个不能够在山里生起一堆火的人，如何敢言他不是一个浅浅飘过的客。

（周奇伟）

博物行记

泰国印象

　　提到泰国，很多中国人心中第一个想到的大概就是人妖，然后可能就是"马杀鸡"，接着是一些度假海滩和海鲜水果。曾经一度红火的新马泰旅游，给中国旅客留下的泰国记忆，也许就跟国内六七十年代的贫苦潦倒给很多老外留下的印象一样——刻板而持久。前者源于空间上的狭隘，后者则是由于时代的割裂。敞开国门后，越来越多的人了解到中国的发展，而在泰国各地的瞎逛，也让我略略有了一个较为完整的泰国印象。

印象之一：ChaCha 与 SabyeSabye

　　源于工作上的出差机会，我在 2013 年的 8 月首次来到泰国，从大都市曼谷到一个叫 Mahachai 的小地方。泰国客户非常热情地邀请我和朋友去了他的海滩别墅，一路上我学会了两个泰语单词，一个是 ChaCha，"慢慢"的意思；另一个是 SabyeSabye，就是"悠着点儿"的意思。当年 12 月底的时候再次因为工作来到这里，之后将近三个月的当地生活让我深深感受到，这两个词几乎就概括了泰国人的生活姿态。

这是一个摩托横行的国度，同事说如果把中国的电瓶车引入泰国必然有市场。我询问客户的时候，他告诉我，电瓶车泰国也有，但不受欢迎，因为唯有摩托才能够想去什么地方就去什么地方。这也是一个皮卡满大街跑的国度，既能装货，也能载人。时常看到皮卡后面坐着一车人招摇过街，也不鲜见路边停着皮卡，后面摆开一桌小菜，音响开到最大，当街就开始唱卡拉 OK 的。区分档次的地方在于皮卡是几开门的，双开门的皮卡一年牌照费是 990 铢，四开门的一年是 7000铢，普通轿车大概 4800 铢的样子。时常来公寓接我们上班的要不就是 Yai，工厂的工程师，要不就是 Chai——客户老板的表兄。Yai 的皮卡是双开门的，Chai 的则是四开门的，高端、大气、上档次。我在这里被那些满大街跑、大喇叭放着歌招摇而过的皮卡们所感染，不由得每天心情都好了起来。

如果说当代中国年轻人的不幸福很大程度上是因为那一套 70 年使用权的房子，那么在泰国就不存在这个问题。当地的房价并不便宜，车子则比国内更贵一些，然而大家并不为此犯愁。当地人告诉我比起房子，他们更看重一辆车。的确如此，从他们的皮卡生活也可略见一二。而在泰国买车是可以分期付款的，更让人咋舌的是，分期付款的首付还可以分期。所以即使你身无分文，但只要有一份像样的工作，就可以立刻拥有自己的车子。我相信房子和车子的生活压力对于他们并不算轻松，但是似乎在每个人的脸上都看不到愁容。及时行乐的泰国人，以轻松的心态，造就了幸福指数极高的生活。

我们出口过来的是个圆网印花机，在工厂安装机器的过程中，有很多是重体力活，Yai和工厂的几个工人帮我们一起干。无论多苦的活，在他们干起来都有滋有味，乐在其中。把繁重的体力劳动，当一件快乐的事干得很开心，这需要怎样的一种心境才能够做到啊。快乐地生活，是我对泰国的第一印象。这种快乐自然由各种因素促成，然而最重要的是他们的想法。把每一天的生活，都过得有声有色，把每一秒度过的生命，都认真地咀嚼品味，开心地活在当下。

　　Yai是一个充满精力的活泼小伙，他曾在日本的工厂做过好多年，秉承了日本人对工作一丝不苟的严谨态度。每次遇到麻烦，我都会嬉皮笑脸地叫Yai，跟他说"12号螺丝没啦，垫圈没啦，卡簧忘带啦，黄油来一桶，12号的工字钢来一根……"无论提出什么要求，Yai的回答只有一句话，"I have（我有的）"。每每遇到搞不定的事，我又嬉皮笑脸地告诉Yai，这里打19mm的洞，那里要磨掉2mm，这个地方得固定一下，那个地方圆孔改长孔……Yai总是一脸轻松地跟我说，"I can（我可以的）"，然后排开一溜工具兴致勃勃地干起来。令人汗颜的是，Yai的工具比我们工厂里的都全，Yai干的活比工厂任何一个工人都做得好。我曾开玩笑地跟Yai说，你就告诉我你什么干不了吧。他很认真地思考了一会，一脸严肃地告诉我说："我没有圆网印花机，我也不会造圆网印花机。"我看着他认真的表情，一滴冷汗加三条黑线，心中默默地重复道，"You can（你可以的）！You can（你可以的）！"

工作之余我们常常和 Yai 一起吃晚饭，最喜欢去的地方是 Aba，就是一家连锁大排档，高端大气虽然不怎么上档次。空地上一排就是百来桌，各种自助食品，一人 139 泰铢，如果要个烤炉，另加 69 铢，啤酒是另算的。泰国的啤酒有点贵，每次去吃 Aba，没喝几瓶，酒钱就超过了饭钱。晚上 6 点多后，还有现场乐队表演，气氛很热闹，不由令人感慨国内少见这样好的夜排档。Yai 喝了点小酒，就会跟我讲他年轻时候的事，讲他和朋友开摩托驰骋，讲他喜欢重金属摇滚，有一次和朋友路过广场看到盲人卖唱，抢过话筒就摇滚起来，帮主人招揽了不少施舍。讲他每天 4 点起床帮老婆卖猪肉，送孩子上学，然后开三十多千米车到工厂上班，一直干到天黑，再开三十千米回家，平均一天只睡 5 个小时。讲工作中发生的种种事情，等等。在他讲述的所有故事里，我不曾听到一句对生活的抱怨，没有一段酒后的牢骚。他谈及自己每天干的事情，从来没有不悦之色，就像小孩子展示自己的收藏一样。Yai 和很多泰国的百姓一样，欣然地接受了生活的种种坎坷，并视之如平常。

除了 Yai，我平时最常接触的人就是 Moo。这里的工厂是家族企业，Sakda 是长男，Moo 是次男，下面还有一个妹妹一个弟弟。Sakda 喜欢社交，所以管厂子的事就落在了 Moo 身上。Moo 在泰语中是猪肉的意思，是他的小名。当我得知这个含义后，直接把 Mr.（先生）给省了，每次都"阿 Moo"、"阿 Moo"叫得很亲热。阿 Moo 喜欢盆景和鸽子。他的信鸽参加国际比赛常常获奖，我每次都跟他说搞一只来做汤吃好了。他的盆景长得都很高大，有一次工人 Joy 带我去看 Moo 家的盆景，正好是 Makam 成熟的时候，Joy 上去就摘了两大把给我。泰国冬天的水果还是比较少的，我在工厂吃到的基本都是杧果，还有就是我最爱的 Makam。阿 Moo 看到我吃 Makam 就问我味道如何，哪买的，我说还不是你家树上结的。他心疼地说，明天我给你买，别欺负我家的小树。我开玩笑地说，就是你家树上采的才够新鲜嘛。隔天阿 Moo 就给我带了一大包的 Makam，吃到我离开工厂都没吃完。不过，那个胳膊肘朝外拐的 Joy，过了几天又帮我去 Moo 家的树上采了一大把新鲜的……

阿 Moo 家的印花厂运作效率不高，又养着太多的工人，挣的钱基本只够日常生活和孩子的学费。他和工人一样每天早出晚归，一周在厂里工作六天，只有在周日的时候才去会会自己的鸽友。Moo 把这个小工厂运作得有声有色，每天的工作不紧不慢。有一天我和他一起去会他的鸽友，他说一周天天工作，只有一天是自己玩儿的时间。他说起工作的时候笑意盈盈，说起那一周一天的休息简直眉飞色舞。

我们厂里卖到泰国的机器，说实在话只是个半成品，零件差不多齐整后就直接散装发货过去了。于是我们在安装机器的过程中，有很多时候是在打孔，打磨，甚至是重新设计制造。用 Sakda 的话来说就是，你们从来没有在工厂造完过机器，都是在客户那里制造完成的，同事和我对此表示默认。机器从延误抵达，到包装、安装过程中的种种问题，都是不如人意的。阿 Moo 每次都面带笑意地说，我非常非常生气，然而我一点都没看出他的生气来。那不是一张伪装的脸，而是对已经发生的事情，坦然接受，从下一步开始慢慢补救，既不跟自己过不去，也不与他人作梗，不纠结于过往，悠然地把握现在的表情。

我在这个国度不曾感受到紧张和压力，竞争和效率，有的是一种既来之则安之的淡定，一份求之于内心的悠闲和快乐。这样的国家也许不会怎么发达，不会走在世界前列，但必然拥有着令人羡慕的幸福指数。虽然从当时国内的新闻报道来看，泰国正处在最混乱的时候，民众推翻政府，曼谷封城等等，然而我从曼谷经过时却是一派祥和。我相信在这样一个没有太多民怨，大家都很快乐的国度，即使是政变，也玩得跟过家家一样。

印象之二：苏梅岛 (Samui)

喜欢崔健是很早以前的事了，但听到他那首《假行僧》却是到了读研之后。开头那句"我要从南走到北，我还要从白走到黑"，真是唱出了我心中最原始的渴望和冲动。在工作告一段落后，同事家中有急事先回去了，我则开始了从南到北的游走。来到了一个热带沿海国家，当然不能错过海岛，因此我的第一站就选择了泰国东南的苏梅岛。

去苏梅岛的大巴要走一整个晚上，VIP 的座位，1000 多铢一人，包括了去往苏梅岛的船票。相对于国内的巴士来说，这个价钱绝对应该是平民价了。巴士的座位很舒服，基本可以躺平，宽敞而干净，每人还配了毛毯和夜宵。泰国的天气一直都是三十多摄氏度，很是宜人。但车内一定会把空调开得很低，再给个毛毯，似乎有一种对服务的强调。车开出曼谷基本就一片漆黑了，我听着手机里那些熟悉的歌，就睡着了。一觉醒来的时候，车刚巧停在一个站。下车放松放松，围绕着车站簇拥着好多的小摊贩，基本是卖各种吃的，价钱大多比城市商店里的还便宜，不禁想起国内停车吃饭时遇到的那些"黑店"。

上车再一觉醒来的时候，已经到了海边。轮船有三层，下面一层停车子，上面两层随便挑位子坐。舱内的空调自然也开得很低，我倒是宁愿在甲板吹吹温暖的海风。不经意间，在黑夜转明的刹那，就看到了海上日出。想起不知道是小学还是中学的那篇课文，写的海上日出，当时很是憧憬的。后来几次在海边，却都没有赶上日出，这次毫无准备，就正好赶上了。如果你愿意留意，人生总是充满了各种惊喜。日出谈不上有多么震撼，但自然的调色板总能让人叹为观止。如果说，希望是光，那么日出的光就是最能给予人期待和鼓舞的东西。

泰国是个摩托车盛行的国家，红绿灯口常看到呼啦啦一群机车扫过，很是壮观，所以来了这里不论在哪，租辆摩托车都是不二之选。一般来说都是 200 泰铢一天，油费自理。在苏梅岛上，大约有 1/3 的人是来度假和旅游的，以欧洲人居多，德国的法国的。我之所以选择了它而不是更出名的普吉岛，只是因为这里有安通国家海洋公园（Ang Thong National Marine Park），曾在网上瞥见过一眼照片，便想去了。整个海岛并不太大，绕一圈也就六十多千米，有了摩托基本是想去哪里都行。加油的话，在主路上有好几个加油站。要是实在不凑巧，在小道上没油了，也有很多小店出售瓶装汽油，就是价钱贵一些。

苏梅岛

　　看海，看海，还是看海。这里的海环绕小岛一圈展现着不同的姿态，没有太多的游人，流淌着所有海滩都有的缓慢节奏。我在一处礁石嶙峋的地方停留，听海涛拍岸，忽然就觉得应该拿个本子写点什么，于是就涂鸦了一篇流水账。并不是要记录或描述什么，只是在那里，坐着，然后有写的冲动。

　　苏梅岛最漂亮的海滩我觉得是拉迈海滩（Lamai），长长的一条，许多人在这儿玩海浪。尤其是家长带着孩子，似乎是要让孩子在一次次迎接浪头的时候学会勇敢和乐观。撂下背包，脱去衣裤，穿个沙滩裤在这里游泳戏水，是最好的选择。如果喜欢日光浴的话，可以租用一张躺椅，其实大多数躺椅都是附近旅馆的，并不收费。要是觉得还不过瘾，一旁还有按摩服务，200泰铢一个小时，一边看海一边享受泰式马杀鸡。

顺着拉迈海滩继续往南，就是以丛林为主的区域，这里虽然也有海滩，有处还看到许多人玩风筝，拉着风筝踩着冲浪板在海面划过，但大多数的海滩是为捕捞而设的。这些地方可以更多地看到当地人的生活，捕鱼，采摘，饲养。当然，养的不是家畜，而是蛇，岛上有不少的蛇场。

天色一暗，拉迈海滩附近的街道就开始热闹起来，各个酒吧上演了一场夜的盛会。这里最出名的是满月派对，我到苏梅岛的前一天，恰好就是，许多人坐着船到另一个岛上去狂欢。我没有赶上，但碰到的人都跟我说起了，据说是非常地热闹。我在路边的小摊吃晚饭，咖喱和椰子，在我看来这是最适合这个小岛的食物。

夜晚的海滩静静的，只有零星几人在散步。虽然隔着不远，但旁边街道的喧闹却无法抵达这里，耳边能听到的只有阵阵涛声。我在海边的一个小木棚借宿，这里供奉着神灵，恭恭敬敬磕上三个头后，就铺开睡袋躺着了。不一会儿，来了个当地人，提着一瓶酒，在此磕三个头后，就坐着默默喝。他想跟我搭句话，无奈我实在没法用泰语交流，他只能继续默默地喝酒，仿佛只有这里的海浪声，可以一层层洗去他一天下来的疲惫，还回一份宁静的幸福。

从苏梅岛的港口每早都有去安通的船，一天游玩包吃的全部费用大概在 1200~1600 泰铢。船有三层，底层有厕所，还堆放着名为 Ayaki 的小船。大家在船上的时候主要待在第二层，餐厅也在那儿。船的顶层则是一个大露台，沐浴阳光海风的好去处。船颠簸一个多小时后，安通的 42 个小岛逐一出现在眼前，宛如浮在海中的朵朵莲花。船员招呼大家都到二层集合，讲了玩 Ayaki 时要注意的事项，就安排大家上了小船。Ayaki 是狭长形的，有两人座的也有四人座的。我和一个美国姑娘一组，跟着当地的导游大姐沿着其中一个小岛划过。岛上植被繁茂，以高高的像树一样的仙人掌最为显眼。

划着 Ayaki 到了 42 岛中的一个，大家上岸。小小的一弯海滩挤满了五颜六色的 Ayaki，很是好看。这个岛上有一个盐湖，沿着简陋的梯子，十多分钟就可以上到湖边。湖里有各种小鱼，其中一种细长的小鱼貌似是本地特有的种。在我们登岛的时候，船员把所有的 Ayaki 都收好了，而大船不能太靠近岛，怕搁浅，于是就有小船来回摆渡接人。这种小船十分别致，细长如一片竹叶，而螺旋桨则装在一根长长的竹竿上。驾船的小伙熟练地玩着这一竿螺旋桨，把小船要得像条鱼一样。欧美游客显然都很喜欢这样的小船，兴奋地登船，相互惊叹着当地人的想象力。

回到船上吃中饭，简单而不简陋的一餐，期间大船慢慢接近安通海洋公园中最大的一个海岛。这里可以选择攀登、浮潜或扎营。攀上岛顶大概要一个小时的路，并不轻松。登顶后可以俯瞰安通全貌，有一种千岛湖的错觉。顶上的风格外地凉爽，而海中群岛的安详排列，让人的内心颇感宽广而宁静。每一次攀爬登顶后的那一眼，都让我觉得之前无论爬多累都是值得的。那些喜欢攀登的人，用一句"因为山在那里"就概括完了攀登的全部理由。

安通国家海洋公园

从苏梅岛回曼谷照例是要坐上摆渡海轮的。回去的船和来时的虽不是同一个，却都是日本淘汰下来的二手船，上面还留着原先的航路说明甚至票价。日本对泰国市场的占领可以说是无微不至的。来苏梅岛的时候，迎着日出，回去的时候，伴着日落。相比于朝阳我总是更喜欢落日的那份色彩，映照着我心中深深的不变的悲世之观和骨子里的颓废。

苏梅岛归来

印象之三：芭提雅（Pattaya）

　　说到泰国的旅游城市，不得不提的是芭提雅。这里几乎承载了大部分中国游客对泰国的全部印象，阳光沙滩海，灯红酒绿的夜晚，各种欲望的放纵，人妖表演与各国的妓女和男妓。用导游的话说，在这里只要有钱，没有满足不了的欲望。泰国政府是禁赌不禁黄的，而芭提雅则把跟性有关的产业经营到了极致。有些东西在别处也许是羞于启齿的，但在这里不拿到台面上，反而就显得不自然了。虽然后来我遇到一些泰国的朋友，说起芭提雅，他们都会直摇头说，那不是泰国，那只代表泰国 1% 都不到的东西。然而所谓泰国印象，很大程度上是这个国家展示给全世界人民的东西。比如人们对江南的印象可以永远都是小桥流水，可惜我这个从小生于斯长于斯的人，对于这样的景象都是略感稀奇的。不过印象就是印象，它和当地人的认可无关。于是，在这里我也不得不浓墨重笔地写一篇芭提雅。我对这个城市的印象并不坏，至少在这里人们都很率直，尤其很率性。

我是在某个周六请假去芭提雅的。没有休息日的工作并没有让我觉得很疲劳，倒是去一趟度假胜地差点让我久违地生病了。玩其实是很累的，尤其是城市的娱乐。芭提雅在 20 世纪 70 年代还是个不太起眼的渔村，但随后人为的资金注入让这里成为一个国际化的旅游胜地。有些东西是可以凭空造起来的，不靠山不靠水，比如中国的澳门，更何况这里还有一湾好水。如今的芭提雅每年都会迎来好多公司的年会，各界精英们在一年的总结之后可以放纵一下。

去泰国其他地方的时候，当地朋友都会交代我不少东西，但是去芭提雅的时候，他们说到车站报个名字就能很方便地买到票，去了一切都会很顺利，没问题，可见这个地方国际化程度远比泰国其他地方高。在曼谷 Sai Dai Mai 车站坐上大巴，两个多小时就到了。车费一百多泰铢，很便宜，大巴条件也很好，只是空调一如既往的过冷。芭提雅当地的交通基本都是皮卡，后面加个棚子，上车 30 泰铢，告诉地方，差不多都能带到。

芭提雅一半以上的人是游客，以欧洲来度假的居多。过分耀眼的灯光下，是一张张半醉的脸，夸张的表情和谈话。还有漂亮的姑娘，或站在酒吧门前，或在别人的怀中。总之在这里，你最不该也最不能看到的是愁容。

一个放纵欲望的地方，可以繁盛至此，说明至少做到了以下两点中的一点：要么可以满足各种欲望，要么可以在某一种欲望的满足上登峰造极。事实上芭提雅两点都做到了。以前有一个朋友问我什么是快乐，我调侃地告诉他，究其根本，也许就是欲望得到满足。这个回答虽然经不起细细地推敲，却足够直观。芭提雅就是这么一个直来直去地将欲望填满，再把更深的欲望挖掘出来的地方。这里有漂亮的海湾，有细软的沙滩，有各种各样的水上和水下运动。喜欢自然和休闲的人，可以很简单地找到一块不错的海滩，晒晒太阳弄弄水。喜欢运动和刺激的人，可以去玩水上降落伞，也可以去尝试水上摩托，价钱都不算贵。对自然充满好奇的人，可以挑一处潜水，看各色鱼儿怎么从珊瑚游过。对各国风情故事兴致勃勃的人可以随处找到一个人，对酌一响，互相讲述游历世界的故事。

然后，人最根本的欲望无非食和性。这里有各种美食自不用说，而与性相关的娱乐在这里是真正与美食平等并行的。在旅游胜地，饭店一条街是再正常不过的，而芭提雅告诉世界，这里有放纵性欲的一个区，男人可以找女人，女人可以找男人，男人也可以找男人，女人也可以找女人，还可以找变成女人的男人，逻辑上只差最后一种排列没有了。我去看了三合一表演，即男人、女人和人妖的成人秀，剧场的名字叫"Big eye"。场面是很火爆的，大多数是来看个稀奇的。人妖没有传说中那么漂亮，不论用多少胭脂粉末也掩饰不了那一份男子的粗糙。其实人妖也分两种，一种是生殖器保持男性的，另一种是生殖器也变了的，叫"西施"。很多东西摆上了台面，也就是一场哄哄的闹剧而已，看个热闹，气氛不错。我也去逛了步行街，整条街都是各国的酒吧和各国的女人，各种秀场。不同的路段不同的风格，你可以挑自己喜欢的口味。用一句话来概括就是，总有一款适合你。这条街，没有什么可以掩饰的，想看就看，想干就干，当然得把银子准备好。

有人用"性都"这个词来称呼芭提雅，我觉得是不妥的。这个城市的特色不是性，因为性这个东西，就和吃饭一样，大多数人都很渴望，因此各个城市明着暗着的都有提供。而这里不过是大张旗鼓地将之放到了台面上，让人们将自己想要的东西夸张地表现出来。芭提雅也不是什么欲望之都，每个都市都充满了各种满足不了的欲望之壑，而这里恰恰是把这些沟壑填满的地方，让欲望在放纵中得到满足。所以，不妨称之为"乐都"。

我和大多数游客一样，在这里获得了满足，满足的是一种叫做好奇心的欲望。然而我终究还是不喜欢芭提雅，因为在这里找不到一处地方，能够获得内心的平静。 同样有满大街的游客，但却可以让人内心平静的地方，在泰国遥远的北方。

印象之四：清迈 (Chiang Mai)

很自私地，从心底不太喜欢那些有着美丽风景的电影。其实不怪电影，只怨人群。张艺谋是个极会挑风景的导演，因此也毁了中国许多惊艳的景色。比如某地胡杨林，早已人比树多，相机堪比落叶。而徐铮的一部《泰囧》，则彻底让泰国的清迈成为了一个很"热闹"的地方。即便如此，清迈依然是一个必须要去的地方，这里有泰国人最认可的泰国味道。

日本当年想从泰国修一条铁路，直接通往中国西南部，然后悄悄打入四川。铁路的修建得到了泰国皇室的极力支持，于是成就了如今还在使用的这条南北铁路线。第二次世界大战时期修建的小铁路，轨道都是窄窄的那种，火车也就只能慢慢而过，于是误点成了再正常不过的事情。我本打算坐一次这样的小火车，从曼谷到清迈，无奈行程略有点紧张，最终还是选择了大巴。从曼谷出发，600泰铢，大半天的时间就到了。

泰国的冬天没有雨，基本连云都没有，午后的阳光让空调开得过低的大巴略略有点温暖。明亮的窗外，是一成不变的由绿线和黑线组成的公路风景。习惯了车睡的我，不觉又沉沉入眠，醒来的时候已近清迈。随便找了家小旅馆住，顺便租了两天的摩托车。我问老板清迈有啥好吃的，居然是糯米饭。手抓蒸糯米饭蘸辣酱吃，便是这里最大的特色食品，也真是朴素到家了。

清迈老城很小，随便从哪个方向过去，不一会儿就上了绕城的公路。就在这个不大的城里，到处是悠悠的小道，很绕。我喜欢在这样的小巷子迷路，一不小心就会撞到心仪之处。如果一定要拿城市间比较，清迈仿佛日本的奈良，或是京都，不经意的一个转弯，就会有一座庄严的寺庙出现在面前，带着久远历史的气息，又沐浴着蓬勃的暖阳。要细细地逛这些寺庙，恐怕一天时间都不够，因为每一座都有值得驻足的地方，或者是一棵参天的树，或者是一面令人惊叹的雕刻，又或是一缕不忍离去的清幽。我并没有太多的时间来细细品味这个城，于是直接骑摩托去了最有名的双龙寺（Wat Par That）。

双龙寺建在清迈城北最高的素贴山（Doi Suthep）山腰。这座泰国最为崇高的寺庙始建于 14 世纪，据说是由白象选址的，供奉着从锡兰传入的舍利。从清迈城往北的路上，到处都有指向素贴山的路标。摩托车在这个国度真是盛行，绿灯亮时，一排机车呼啸而过的场景，让这座古老的城市充满了活力。

路过清迈大学，沿着弯曲的山路而上。据说到双龙寺有九十九个弯，没有数，不过弯真的很多，有点类似于摩托车游戏里的山道。到双龙寺的途中也有个把小寺，除了我停留之外，其他游人都一骑而过了。我觉得适合去著名寺庙的时间只有清晨和傍晚，不然本该清净之地却不得安宁，犹如市场般嘈杂，或是充斥着欲望的渴求，而那些小寺陋堂往往更得心静。

双龙寺门口人潮涌动，进门两排小摊贩，一切都在意料之中。之所以叫双龙寺，大概是因为那两条长长的龙，从山门并排而下，中间是三百多级的台阶。有好些个身着苗族服装的小孩子在龙头附近，和游人合影。这里像曼谷大皇宫一样对泰国人是免费的，外国游客则收个象征性的门票。寺庙不大，脱鞋进入，七层佛塔金碧辉煌，周边庙宇不显雄伟，却见庄严。在某个殿内，正好有老和尚在给大家进行某种祝福的小仪式，我的手腕也被缠上了个小小的白线圈。虽然不信佛，但我在寺庙都如一地保持恭敬态度。更高的存在，是我们狭隘的理性所不能到达之域；心中无信仰，但至少对此悬置，呈现自己的卑微，是一种更让我喜欢的生活态度。

双龙寺

双龙寺中有个非常有意思的小博物馆，散乱陈列着各国各个时期的货币。我看到了至少三个版本的人民币和一些民国时的纸币。这里的收集并不全，不过是从各国人留下的香火钱里挑了些。有面墙上挂了一张大布，搜集大家的留言，一个日本老爷爷一笔一画很工整地写了四个汉字——"世界太平"，旁边的台阶上放着他的写生画册。

傍晚的时候，回到了清迈城，依然在小巷子里迷路。遇到画抽象画的外国大叔，问我要火点烟，我看不懂他的画，也没有火可以给他。在每条路上迷路一次，就会偶遇一个寺庙，然后就忍不住进去看了。正是游人散去的时候，刚好还此地一份庄严和宁静。清迈的寺庙大抵规格都挺高的，里面的雕饰壁画相当地精致华美。寺庙是从来不吝啬金银珠玉的，不过这些繁华的堆砌，却从不显一丝俗气，大概是因为只借用了它们的颜色与形状。若真有一份超脱，即不必避世，酒肉穿肠过，泥浆水里洗出来的是白萝卜。

在清迈的第二天，我准备去一个不近的地方，距离城里大概45千米样子。没有公共交通，只能摩托或自驾过去。这个叫 Wat Ban Den 的寺庙，据说是当地最大最美的寺庙之一，尚未被中国旅游团发掘，所以网上关于它的中文信息很少。

摩托稍稍拐过几个巷子，就出了清迈城，不多的城墙若有若无地昭示着曾经的生活区域。一路向北，就上了107国道。泰国冬天几乎都是晴天，朝阳升起，风从身边飕飕而过，清冷中更多了几分寒意，不过这样的感觉刚刚好。

因为《泰囧》这部电影的关系，清迈城内的布帕兰寺（Wat Buppharam）火了。的确是一座很有趣的小寺，可爱的卡通形象，各种小动物像，还有那一方小花坛，尽现了此处僧人们充满情趣的生活。而大殿的兰纳风格精美木雕，无一处不细致，展示清迈寺庙一贯的艺术性。这样的寺庙在清迈比比皆是，城内最为显眼的其实当属清曼寺（Wat Chiang Man）、契迪龙寺（Wat Chedi Luang）和帕辛寺（Wat Phra Singh）。清曼寺是清迈最古老的寺庙，契迪龙寺远远就能看见寺内那一株远近闻名的参天橡胶树，而帕辛寺是等级最高的寺庙之一，其雕刻和壁画堪称泰北艺术的巅峰。然而不论是这些声名远播的名寺古刹，或是那些小庙陋宇，因为清迈城的热闹和游客的众多，而失去了本有的那一份宁静，那种可以与人内心的平静相和的气氛。而我想要的感觉，终于还是被我找到了，从 107 国道的一路，直到清迈蓝庙——Wat Ban Den。

Wat Ban Den 并不是一座历史悠久的寺庙，建于 1988 年，由 Kru Ba Tuang 从各地寺庙和民众中筹集资金兴造。也许正是因为没有所谓的悠久历史，所以没有被中国的旅游团相中，也幸好没有被相中。不过 Wat Ban Den 在泰国人心中的地位却是很高的，每当我在他们中间提到我去了 Wat Ban Den，他们都会眼中放光地赞誉这个寺庙。如果不纠结于寺庙的历史和故事，只着眼于泰国寺庙的建筑和雕刻的艺术成就，以及寺中应有的氛围的话，那么在我看来，Wat Ban Den 是一定要放在清迈的"必去清单"上的。如果一定要做个对比，那么 Wat Ban Den 类似于中国江苏无锡的灵山大佛，虽然修建的时间晚，规格却很高，精华荟萃。

和泰国绝大多数寺庙一样，Wat Ban Den 是没有门票的。进门一条长长的路，通往正殿，这个伫立在山坡之上，被周围绿树相拥的寺庙，

清迈蓝庙（Wat Ban Den 1）

清迈蓝庙（Wat Ban Den 2）

凸显在蓝天之下。好几个风格迥异的大殿并排着，最醒目的自然是蓝屋顶白线描的殿，殿内主供着一排九尊佛像，各个荣光；殿顶雕梁互错，四周壁画华美。脱鞋进入，清风聚此，一扫午后被晒的燥热和心中的烦炙。我虽非信佛之人，却也觉此地有灵缘，能让来者平心静气，一窥胸中澄明。

泰国像中国一样也有十二生肖，对应黄道十二宫，每个人在出生的时候也都对应了一个动物肖像。泰国十二生肖的动物形象和中国的一致，只是时间排序上不一样。每年人们都需要到自己生肖动物所对应的寺庙去拜访，而有一些动物对应的寺庙距离清迈很远，于是 Kru Ba Tuang 在修建的时候就决定，在 Wat Ban Den 内安放对应十二生肖的十二个佛塔，这样清迈周边的人只要到该寺拜祭就可以了。

寺庙很大，其中好几个殿，都值得让人花上一番功夫细细品味。不过我更喜欢的是这里的一种气氛。且不说那些美轮美奂的建筑，也不提这般精雕细琢的装饰，耳闻只是虫鸣鸟声，目及但见僧客寥寥，一派庄严肃穆，几分恬淡静雅。我在几个大殿闲逛，脚步不觉放得很慢，时间的流淌显得很滞怠，于是很多东西渐渐地清晰起来，于眼前或心头。

在马不停蹄的追逐中，我们可曾细细地审视自己真正想要抓住的东西；在近乎疯狂的朝拜中，人们可有静静地思索过自己切实想要得到的生活；在活了一岁又一岁，过了一季又一季后，是否在每天都那么充实那么凌乱的日子里，理出了心中的头绪，从此不再因身不由己而无奈叹息，也不因小小的得失而过分悲喜。

离开清迈的时候，巴士绕了一小段清迈的城区，让我最后看一

湄公河上

眼这个可爱的城，然后就直奔清菜（Chiang Rai），又到了清盛
（Chiang Saen）。我最后离开泰国的地方就是这样一个北方的小城，
流淌着一条养育了三个国家的河，这里的生活简简单单，诉说着那些
年在此慢慢流淌的东西。我对泰国的印象几乎就可以用 ChaCha 和
SabyeSabye 来概括，于是我 ChaCha 地从这个小城的街道经过，坐
船沿着湄公河，SabyeSabye 地离开了这个国家。

（周奇伟）

陋室花枯荣

　　陋室并非居所，而是我的新办公室。陋室之陋，在于配置简单，除了花草，便是桌椅书柜。自搬进去，黑夜白昼加起来，我这个躯壳大约有一半的时间都在里面。由此说来，这两年交往最多的活物大概也是这些花草。对某些人而言，身所在处即是家。待久了，情愫渐生，加之屋内生命的繁华枯荣均在我照料之下发生，对这里的感情随着日子的流逝也越来越浓。

　　同新办公室的缘分始于 2013 年。那年秋天，办公室搬家，众同事集体移往新建的学研大厦。由于是新办公室，在变卖了一些废旧物品之后，刚好用这些公共经费添置一些绿植，一则吸附有害气体，二则可以为新办公室增添些生机。我年龄最小，理所当然地承担起采购的任务。来到林大北门的花草摊上，卖花的大爷推荐了一些，无非是绿萝、发财树、文竹一类易于养活的植物，简单挑选了一些。

　　临结账的时候，我的眼睛被一盆水生兰花、金鱼的搭配吸引，大爷见我喜欢，自然极力撺掇。价格倒也不贵，记得只有二十块钱，我便自费买了下来，准备放在自己办公桌上，无聊的时候看鱼、赏兰花。

加上发财树、绿萝、文竹之类，购买的植株颇多，大爷主动要求给我送货。临走的时候，大爷看了看发财树旁边拳头大的一株葡萄，略带嫌弃地说："要不你把这株葡萄也买了吧？只收你五块钱。"我看了看葡萄，又看了看大爷，思索着葡萄的用途，大爷则眼巴巴地望着我，伸出一个手掌。彼时，一阵秋风吹来，葡萄植株纤弱的身躯随风摇摆，让人心生爱怜，我便应了下来，将它带了回来。

在诸多绿植的装点下，办公室一下子生机盎然起来。

兰花、金鱼的搭配最受欢迎，以至于我不敢独享，在我办公桌上短暂停留之后，直接被奉在办公室招待客人的茶桌上。兰花修长的叶子优雅宁静，垂在玻璃花盆四围；透过玻璃花盆，里面一红、一黑两条金鱼的游动相映成趣，让人欣喜，整个画面宛若中国的水墨画一般，典雅而不失风趣。无聊的时候，我便趴在桌子上静静地望着这两条金鱼，偶尔用手隔着玻璃缸试图碰触一下金鱼，开始的时候，两个小家伙非常警惕，迅速游开，但后来已不屑于我的这种把戏；极度无聊的时候，我甚至会突发奇想，试图和小黑、小红做下沟通，自然不会有任何结果。有时，我也会想象一下兰花何时绽放，那又会是怎么一幅美妙的场景呢？

可好景不长，大概一个月后，教研室的老师找学生帮忙大扫除，学生们的干劲热火朝天，但也略显粗暴。忙乱之中，我忘了叮嘱学生对两条小鱼温柔点。最终，这两条小鱼没能够经得起折腾，小黑当天晚上便奄奄一息，几日过后，小红也一去不归。我因此伤感了好一阵子，也曾考虑再买两条小鱼进去，可终因害怕不能胜任照顾之责，也就断了这个念想。或许是少了金鱼的作陪，不久之后，兰花也渐显败迹，最终还是没有等到花开，花盆便成了空盆。又过一段时间，折了一枝绿萝进去，但每次看到玻璃花盆，还是会想起那对金鱼和那株兰花。

葡萄刚买回来的时候，也迅速引起了大家的注意，颇受欢迎。同事们看它柔弱的样子，纷纷戏言将来葡萄能否吃上就靠我了，嘱托我好好养，我也笑言：等着吧。然后看了看它可怜的样子：拳头大的临时花盆里，点缀着几枝脆弱的枝桠，枝桠上叶子的衰败气息已有几许。我心想，能活下来就不错了吧。

或许因为是自费买来的，也或许因为是第一批入住的生命，对于兰花和葡萄，我特别地留意。然而，悲剧终究还是接连发生，先是小鱼殒命，然后，或许是秋意渐浓的缘故，葡萄叶子也终于一片一片陨落，由绿变黄、由黄变灰，那些日子，我心里失落的气息也随之变得日渐浓厚。我固执地认为，办公室是新建大楼，朝南，阳光充沛，平素温度基本不低于 25 摄氏度，在这温暖的条件下，葡萄应该常绿。

没想到，最后一片叶子还是落了。

最初的时候，我以为它同小鱼一样，生命太过娇贵。但还是抱着一线希望，每天给它喷喷水，偶尔浇点水。在经历了一段时间的失望之后，11 月中旬的一天，我惊喜地发现，葡萄树干枯的枝桠之上竟然有了膨胀欲出的芽孢，内心的欣喜之情无以言表。到了下旬的时候，葡萄叶子的绿已经变得耀眼，生机勃勃。期望业已成真，随后的日子，内心的欢喜随着它的成长与日俱增。

但拳头大的花盆终究还是太小，葡萄长到一定程度便陷入了死循环，新叶不断冒出，旧叶却逐渐枯萎，整个植株的生存状况显然没了重生时的活力。我就惦记着是不是给它换一个更舒服的生存空间。过了一段时间，从教研室主任那儿讨来一只大花盆，又从林大北门处买来两袋大肥，效果依旧一般，令人多少有些心灰。出人意料的却是葡萄树下自生的三叶草，日渐繁茂起来，并且发展壮大，开花结果，红白的小花颇为精致，结荚之后，种子弹射能力极强，附近墙上密密麻麻全是三叶草的种子，一米五高的墙面都能寻到它的痕迹，周围的花盆也屡见三叶草的幼苗，可见其生命力的旺盛。而葡萄植株在经历了短暂的兴旺之后再次陷入死循环。

2014 年的暑假，在洗手间发现一只被人遗弃的更大的花盆，满怀希望地把它拉回办公室，并嘱托研究生从园林专业处讨来大量土壤，小心翼翼地将葡萄移入，我想，这下它大概会重获新生吧。

数日后，叶子尽落。

偶尔，我看看它残留的枝桠，浇下水，心想：这次，它或许是真没了吧。有一天，忍不住把它连根拔起，发现根部早已干枯腐朽，我才不得不承认，它最终还是离我而去。

葡萄的离去令人遗憾，文竹的重生则令人欣喜。同兰花一样，文竹也是办公室最受欢迎的植株。文竹好养易活，样子也好看，砖红色的六角花盆，每个盆面配以书法或水墨，加上盆中青松似的文竹，放在茶桌之上，活脱脱一幅迎客松的场景，既典雅又有富贵之意。同兰花、葡萄一样，文竹也经历了一次劫难，只不过在劫难中得以重生。在买回约莫大半年之后，文竹盆中土壤养分流失厉害，开始板结，文竹也日渐干枯，只是不细看的话，外观上并无太大差别。恰巧那段时间，我不常去办公室，待我发现的时候，文竹的细叶早已枯萎，手指轻轻一碰便即化为齑粉，过了些时日，主茎的外围也彻底干枯成了灰白色。虽不抱希望，但我依然抱着死马当活马医的态度努力做些补救措施。所幸的是，文竹的根并未完全枯死，在及时填充了大肥、外加细水的滋润之后，经历了漫长的等待，文竹终于重新抽出新芽，并再次茂盛起来，现在依然接受着众人的赞美。

自然，屋内也有其他一些植物，如草莓、绿萝、虎皮兰之类的，都是皮实的家伙，极好养。

草莓是学生小朱送我的，送我的时候已经开花，并在夏天顺利结果，在我的培育之下，如今它的匍匐茎已经生出了几株新的草莓植株。

虎皮兰、绿萝之类更是好养，有水、有肥即可。虎皮兰是典型的给点阳光就灿烂，那生长速度简直一周不见便另外一副模样了。绿萝则要避免过度的阳光，甚至无需阳光也能长得很好。办公室的两株大叶绿萝，本来隔着一个靠墙沙发遥遥相望，后来我在墙上粘了几个挂钩，它们便在我的刻意牵引下，纠结成荫。

墙上的大叶绿萝

　　只是即使这些好养的生命，也需悉心的照料，否则大概率也是枯萎的结局，绿萝便是一个例证。别屋的同事初进我们屋，总要感叹我们屋的绿萝长势之好、设计之妙，我偶尔串门，却总发现他们大部分的花盆总是干的，连绿萝这样的生命竟然也面临枯萎的命运，又何谈其他呢?

　　人生的事或感情，大概也是同样的道理。

（徐保军）

两只螳螂

　　临睡前，出门洗漱的时候，发现一只灰色螳螂，趴在门把手上。本来想捉来把玩，又怕吓着小东西，就没理它。洗漱归来，它已然到了地上。过了一会儿，发现书架的果盘上有另外一只大个的，也是灰色，以为它们是夫妻，一时兴起，就把小的捉来放在果盘旁一个小盆里。

　　它们大概迅速发现了对方，大螳螂慢慢转身，调整了姿势，弓着身躯，似乎想捉住小的。小螳螂也收缩前臂，起初，以为它害羞，后来才明白那是害怕。因为此后的瞬间，大螳螂已弹射过去，与此同时，嘴巴已紧紧咬住小螳螂的颈部与身体的接口处，小螳螂则毫无反抗之力。制服小螳螂之后，大螳螂先咬断了小螳螂一条腿，在吃了一半之后，直接从刚才的接口处下嘴，将小螳螂一分两半。打字的功夫，小螳螂颈部以上的部位全部被吃，余下的腿还在活动着。希望它们真是夫妻。

（徐保军）

史先生家的狗

　　我曾见过一只有趣的狗，史先生家的狗，美籍狗、女性、高龄、驴脸、性温顺、不善叫。

　　当时还在北大读书，运气不错，觅得一机会前往耶鲁交流半年，一切就绪之后，终于在 2010 年 1 月 7 日晚飞抵纽约，当晚入住新港（New Haven）史景迁（Jonathan D. Spence）、金安平夫妇家，夫妻俩不但学术做得好，人也好，连家里养的狗都是极好，此狗名曰 Maddux。

　　当我们循着先前给的地址，乘出租车到达史先生家的时候，已经晚上九十点的样子，天空还飘着小雪。我们怀着浓重的歉意从车上下来，热情的史先生与金老师已经从屋里出来迎接我们了。

　　迎接的队伍里面还有一条小狗，正是 Maddux。主人的热情让人感动，小狗的热情则有点令人招架不住，尽管金老师再三让 Maddux 克制点，可它依然兴奋地往每个人身上爬，看来是个爱热闹的主儿。

进屋之后，安置了行李。金老师便把我们招进厨房，盛上了早已炖好的莲子汤。于是大家围坐一桌，顺便听二位老师给我们讲讲耶鲁的趣事以及注意事项。这时，一直静坐一旁的Maddux起了些微妙的变化，可能看大家都有了东西吃，它默默地把自己法海式的钵衔了过来，然后摔在一旁，发出了引人注目的声响。金老师说，"又来要饭了，跟个和尚式的"，然则并未理会它的请求。

　　过了一会儿，Maddux见无人理睬，便改变策略，逐个进攻了。或许觉得我好说话，它先是一双大眼睛无辜地盯着我看了老半天，若是姑娘这么盯我，我定要害着了，可毕竟是条小狗；在发现并无效果后，Maddux索性走到我旁边，先是磨人地往我身上蹭，然后开始往我腿上爬，用她前肢不停拍我，惹得大家一阵哄笑。我怜惜地看了看它，询问金老师要不要赏它些吃的，答案并未让Maddux满意，我也只好抚摸了它两下，以示抱歉。在我这里纠缠许久未果之后，Maddux失望地转战他人，但结局依然悲惨，满世界跑了一圈后，依然无人理会它的请求。

　　或许是以为大家没明白她的意思吧，Maddux静静地趴在地上冥想了一番，养足精神之后，再次起身摔打起她的钵来，摔得砰砰直响，整个房间都是她摔钵的声音，仿佛抗议一般。但大家似乎都是铁石心肠，除了笑声之外，并无动作，万般无奈之下，她索性跑回窝里睡觉去了，片刻之后，呼呼声传来，竟然睡着了。这条小狗，打呼的声音还真不小，但奇怪的是，讨饭的时候却一点叫声都没有。

饭毕简单地闲扯，已至午夜，简单地冲洗之后，便上床休息了。

次日是周五，因此注册入住之类的事情都要赶在这天办，时间稍赶。第一件事情就是先把部分行李运往住处。收拾行李的时候，Maddux 不知何故开始焦躁起来，不安地在我们周围走来走去。金老师笑笑，解释道这家伙又开始害怕把她一个人放家里了。原来，之前家里出去旅行，在为她备好足够的粮食之后，往往会把她一人单独放家里一段时间。所以，每次看到有人收拾行李，Maddux 就会焦虑不安，想想也是可怜。

在耶鲁期间，又去史先生家做客几次，每次都能看到 Maddux，一如既往地热情、黏人，却不爱说话，一副好脾气。或许跟着史金夫妇久了，透过眼神，竟然感觉她有几分文化气息，着实让人喜爱。

2014 年年初，史金夫妇来北大讲学，有天晚上吃饭闲聊，席间还曾提及 Maddux，只是不知她最近身体可好，毕竟当年她已有十四五岁，而今也十八九岁了。

（徐保军）

行走内蒙古林区

2013年6月，曾因公深入黑龙江林区调研一周，初赏林区美景，但囿于任务繁重，并无空闲欣赏。2014年暑假，单位组织调研内蒙古林区，并无明确目标，且有六天时间。心里暗喜，觉得可以借机饱一下眼福，最终发现行程安排依然紧张，未能如愿，但林区的美给人的震撼依然。相比黑龙江林区，走过的几个内蒙古林区更多了几分原始、自然。

7月6日：满洲里、海拉尔

行程目的地：满洲里。根据约定，早上5:00北京林业大学正门集合，赶往机场乘坐6:20的航班CA1127，于9:30左右抵达满洲里。下了飞机，温度明显低起来，但或许空气太好，太阳显得格外刺眼。

收拾完行李，团队直接乘大巴前往中俄交接处围观"国门"。一路上，有心的同志发现：包括机场在内，满洲里的建筑颇具欧式风格。走进国门，发现同其他建筑相比，国门旁边的"中苏门"、"全世界无产者联合起来"，显得格外醒目。只是时间走到了今天，中俄虽迎来了蜜月，但当年的苏联早已不再。走进国门建筑内部，清一色的卖俄罗斯套娃、望远镜、外销烟的商贩，而在导游口中，俄罗斯套娃的背后，却是类似于古代中国博爱男青年甜蜜纠结的三女选一的爱情故事；站立国门眺望，不远处就有一个俄罗斯小镇，似乎触手可及，也有一条铁路连贯中俄，但两国轨道的宽度却不一致。有趣的是，站立国门之下，发现中俄两边的天空一晴一阴，大家便开玩笑，还是社会主义好呀。又过了一会儿，整个天空都阴云密布，噼里啪啦一阵急雨。事实证明，随后几天，内蒙古的天空都是如此任性，雨水说来就来。

下午，在有关人员引领下，参观了一处木材加工厂和满洲里国际木材交易市场。内蒙古地广人稀，木材加工厂也体现了这个风格，外观气势颇为恢弘，内部却稍显空旷，缺少商业应有的喧闹。据工作人员介绍，这里的木料主要是桦木、各种松木，国内天然林保护工程等政策实施之后，木料多为俄罗斯进口。满洲里国际木材交易市场虽已建成，但仍在规划之中，周边也在加紧配套相关的酒店休闲区。给人的整体感觉是：在失去了采伐量之后，生态旅游似乎成了东北林区试图抓住的谋生之道。不过实事求是地说，林区的空气确实好。

仓促参观之后，乘大巴继续跋涉 4 个小时赶往海拉尔，我延续了 2007 年养成的上车即睡的习惯，一路颠簸之下，竟睡得愈发舒服。

中途偶尔睁眼，看着窗外的草原，牛群、羊群、马群不断出现。出乎意料的是，大草原之上竟然遍布着众文青神往的大片油菜花，场面甚为壮观，令人叹为观止，可惜没有机会深入花丛。婺源的油菜花在国内应该是最有名的，但我并未去过，远远望去，我猜想婺源的油菜或许温婉柔情腻歪一些，草原上的则少了些脂粉气息，一如内蒙古的姑娘，少了些精致，多了些豪爽。

7月7日：海拉尔要塞、根河湿地和莫尔道嘎

7日的主要考察地点是额尔古纳的"根河湿地"，号称亚洲最大。7日也是个特别的日子，容易勾起国人的伤痛。出于这个原因，团队在上午中途参观了"世界反法西斯战争纪念园"，纪念园分地上、地下两部分，地上主要展示当年日本关东军侵略中国东北的场景，地下部分则是关东军修建的地下工事——海拉尔要塞。要塞地下工事规模巨大，深度未知，感觉有几十米，均用钢筋混凝土浇筑而成，走在里面，温度很低，令人瑟瑟发抖，庆幸的是，侵略者们最终还是被干掉了。

告别海拉尔要塞，车子继续前行，前往根河湿地，人言"贵人多风雨"，其实换个说法也行——"出门风雨百愁生"。还未到达湿地，雨水又淅淅沥沥下了起来，但行程才刚开始，大家兴致勃勃，计划照常进行。而所谓的湿地参观，依然形式大于内容，即走上高岗，眺望远方，景自然是好的，典型的森林、草原交界地带，远处看，

依然可以看到大片的油菜花吸引人们前往。我倒不嫌弃风雨，只是希望能静静地在湿地多待一会儿，甚至顺着眼神所及之处，去看上一看，触摸一下湿地清冷的河水、心形的小岛，一直走到草木交界带，越过大片草地，探一探其中的奥秘，嗅一嗅森林的气息，闻一闻草丛的味道。可惜，总共的停留时间也就几十分钟。

之后，大家上车继续前往下一站——莫尔道嘎。中途考察一片白桦林，号称大兴安岭最大的一片原始白桦林，但树木个头都不大，应该是次生林，原始与否并不知晓。但置身其中，感觉还是好的，朴树《白桦林》中淡淡的忧伤并不适合这里，但歌声依然在我脑海之中不断盘旋，或许是在忧伤中国已少有好的白桦林吧……

晚上餐宿莫尔道嘎，受到了当地林业局的热情欢迎。吃的全是林区所产，自然生态，舒服之极。喝了当地的蓝莓汁，品了两杯"莫茅"，38度，味道不错，想买来一箱备用，却被告知并不外供。很少觉得白酒不错，可惜了。

晚上溜达，发现住宿宾馆的屏幕上书"南有西双版纳，北有莫尔道嘎"，猜想，莫尔道嘎应该是个好地方。

7月8日：莫尔道嘎的贮木场与国家森林公园

本日安排：上午，同莫尔道嘎林业局座谈交流，考察贮木场、森林航拍展、森林防火站；下午，考察一片寒温带针叶原始森林。

早饭后，在林区工作人员带领下，第一次来到贮木场，开了眼界，满眼都是木头：房子是木的、地板是木的、花盆是木的、厕所是木的、围墙也是三块三百多年的木头做的，贮木场更是堆满了木头。站在高处，远山之中，云气飘渺，宛如仙境……

随后是座谈会，我非专业人士，但同职工的交流中，直觉"天然林保护工程"的效果应该是积极的，少伐木、多想生财之道，自然有利生态，从长远来看，也有利于林区居民生活水平的提高。其实，这种感觉，去年在黑龙江林区调研的时候就有。

下午考察莫尔道嘎森林公园，据工作人员介绍：这是中国最后一片寒温带针叶原始森林——樟子松林和落叶松林为主，树干挺拔高耸，直入云霄。树根部分多生长着当地的一种特色香料植物——杜香，前些年曾有人试图将其研制成香料，但一直不很成功。采一些杜香的叶子，揉碎手中，香味确实清新，也有点松树的味道，可能是久居其下的原因吧，香味应该比较适合男士。

松林的另一特色是苔藓。林区成片的苔藓让人感觉进入了童话世

苔藓

界，由苔藓自然联想到驯鹿，但这里并未看到驯鹿。据说里面有驯鹿场，需要花钱买了苔藓进入松林深处才能见到。没有花钱，自然没有驯鹿。

此行的另一大收获是看到了鄂伦春族的建筑，桦树皮做的尖顶木屋，以及树上的储藏室。我直接想到了林奈笔下的拉普兰人，后来看鄂伦春博物馆，发现拉普兰人的生活环境、生活习惯应该跟鄂伦春人类似，包括房屋、小船的取材，建筑的风格，穿衣饮食的习惯应该都差不多。另外，桦树皮要比想象中的结实，以前看文献的时候，总觉桦树皮用来做船、建房不太合适，亲手碰到实物的时候，这种错觉立刻烟消云散。

鄂伦春族的桦皮仓库

最后三日草记：满归、根河、汗马和阿里河

最后三天依然行走于满归、根河、汗马自然保护区、阿里河林区之中，雨水始终未停，行程依然紧凑。林区树种均以针叶林为主，空气湿润，偶尔有清澈的河水从林间流过，白色的、黄色的、青色的、各色的苔藓或平铺于林中地面、或覆于树干枝桠之上，或在倾倒的树根之上自成一景，让人恍惚进入了童话王国，期待着树妖或精灵的出现。可惜的是，即使在人迹罕至的地方也并无野生驯鹿的踪影，清脆的鸟叫倒不时从林中不远处传来，却始终寻不到鸟儿的身影。杜香依然生机勃勃地在林间生长，簇拥在隽秀的松林之下，开着秀美的白色小花。偶尔有历经雷电、洪流的巨木虽死犹存，黑乎乎地屹立于林中，接受着众人的瞻仰，并得美名"雷击木"。但更多经历此劫的树木却躺倒林中，在漫长的时间长河中化为粉末、重归大地。新生的蕨类、菌类取而代之，在林木腐朽处旺盛地生长，而原有的林木也终于无影无踪，仿佛不曾存在过。即使偶有路人走过，踏着那树干幻化的松软泥土时，也难以想象它曾经的模样。

以前看电影的时候，总艳羡于欧美的自然风光，而这次的林区经历则让我终于醒觉：别致舒适的木屋、优美的景色、随地可见的野果，这里也有，只不过多在人迹罕至处。

（徐保军）

童年时代的"乡村博物学"

　　南方春夏之交的天气，在阳光下坐久了，身上热烘烘的，困意就来了。再加上空气里一股油菜花的甜香不断地发着酵，配着蜜蜂的嗡嗡声，神经很快就被麻痹了。至于苦闷地坐在院子里做作业的小学生，那就更不用说了。这种时候，溜出去找点乐子实在是再好不过的。

　　乡下的土墙壁上，不知什么时候钻出了一个个光溜溜的小洞。身量矮小的土蜂不停地钻进钻出，看上去滑稽又可笑的样子。小孩们用装药片的半透明棕色小瓶，放上几株油菜花，跟在土蜂背后转悠，一见有钻进洞穴里去的，立马把瓶口凑过去，堵住洞口，屏住呼吸等土蜂爬出来。没耐心的往往没等一会，就揭开瓶口，半歪着瓶子瞅瞅里面的菜花，然后拿小棍撩拨土墙洞穴里的土蜂，慢慢地把它拖进瓶子里去。土蜂进了瓶，就被关闭在里面。有的小伙伴还会往里塞几团软绵绵的棉花，大约是害怕土蜂晚上冻死的意思。

　　除了土蜂，还有一些可怕的大马蜂和肚子圆滚滚、黑乎乎的葫芦蜂。马蜂常把巢结在树梢或是人家的楼板上。小男孩们胆子大，三五成群去捅马蜂窝，捅完了用衣服包着头撒腿就跑。也有用火攻的，一群马蜂在滚滚的浓烟中飞出来四处逃窜，场面看上去既壮观又惨烈。夏天在蔷薇花篱下玩耍的时候，一不小心就会被马蜂蜇到，叫人疼痛难忍。小孩中间流传着一个土方子，不知道是某个大人随口杜撰出来的，还是某个大孩子发明出来的，那就是用丝瓜的黄花碾出汁来，涂在伤口处，就能消除痒痛。我亲自试验过很多次，似乎有点用，又似乎没用，反正反反复复涂几次，过一会儿工夫，红肿自然也就消退了。葫芦蜂倒是不太常见，再或者是它比较爱躲着人。只有偶尔在傍晚收拾尚带着太阳余温的衣物时，会不经意地碰上一只潜伏在衣褶里的葫芦蜂，吃一惊，抖一抖衣服，它就乖乖地飞跑了。

　　和葫芦蜂一样喜欢夹藏进收晒的衣物之中的，还有一种指甲盖大小、散发出一股臭味的小虫。方言里叫"臭麻木"（音），大概就是北方所说的臭大姐，稍正式的名字叫作"椿象"。要是一不小心捏到了，手上、衣服上都要臭老半天。好在它不伤人，单叫人恶心一下就完事了。更可怕的是大柳树上毛乎乎的小虫子，方言称"杨辣子"——当地人管旱柳叫杨树，而称大叶杨为柳树，我到北京上大学时才彻底弄清这种颠倒关系，而具体原因依旧不得而知，大约是因为古语中杨柳通称一类树木的缘故。如果不小心碰到杨辣子，眼泪都要辣出来。乡下人也有一些糊弄小孩的疗法，譬如用犯案毛虫爬过的叶子碾成汁敷治。似乎是没有任何依据的。

树上的小虫，除了常见的毛虫、瓢虫和知了，还有一种铁甲虫，当地称为"犀牛夹子（音如此）"。犀牛夹子天生一副大将模样，两片光滑闪亮的甲壳完全是冷兵器时代盔甲的原型，六条细细的弯腿虽然与庞大的身体严重不相称，却也十足有力。最引人注目的是它额头上的两根触角，活像木贼草一般，分成一节节。把它兜头用绳子拴起来，看它长长的触角愤怒地左右甩动，就能让乡下的孩子们耍上半天。

铁甲虫喜欢在阳光灼晒的树干上现身，另一种好玩的小虫则通常躲在阴暗潮湿的地穴中。在冬季用来储存红薯的地窖上面，用手电筒往下照，瞅见一团团蠕动的小黑虫，跳下去便手到擒来，一捡就是一小盆。这类小虫拥有完美的椭圆身形，外壳由数道横节构成，酷似龟壳，因此得名为"地乌龟"。乡下人抓中药材，喝完了药剩下的药渣常故意倒在大路当中，据说目的在于让路人把病根带走，或者取谐音"药到（道）病除"。小孩子受了大人告诫，一旦见了便绕道而行，但远远的，还是要好奇地瞟上一眼，看看里面有些什么东西。地乌龟就陈尸在药渣中间。地乌龟是传统的中药材，各地的叫法差不多，乡下也常有人来论斤收购，跟蝉蜕、半夏一样，是小孩们换零花钱的天然资源。

相比之下，女孩子更喜欢花花草草。在田间地头，总能采到各色的野花：沟垅里有带刺的大蓟、俗称"眉毛草"的木贼，路边到处是金灿灿的野菊花、沿着主花轴盘旋而上的绶草，篱笆上爬满了牵牛花和各色的蔷薇，还有枝丛矮小、分支杂多的木槿花。我母亲干完活带我回家的时候，总要不时地催促我"快点、快点"。她甚至不惜吓唬我木槿花里有吃鼻子的小虫，害我后来鼻子一痒立马想到花里涌动的小虫子。

我母亲爱种栀子花，栀子花树形极美，叶子油亮亮的，初出的花蕾是碧色泛白，一夜之间即可完全绽放，大者有碗口大小。夏日清晨醒来，闻到栀子花的芬芳，神情便为之一清。上学去的时候，头上扎一朵栀子花，到晚上慢慢蔫了，香气还萦绕不去。栀子花开得繁密，一树白花清淡而又绚丽。集市中常有人扎成一束束拿去卖，几毛钱能买一堆。但多数种栀子花的人家往往是拿竹筛子盛了，送到邻舍给人家的媳妇和闺女们去戴。栀子花的花期在 5~8 月，过了中秋，便陆续开完了。

过了中秋，"可堪盈手赠"的还有木芙蓉的花。木芙蓉是一种高大的木本植物，花大色艳，夺人心魄。木芙蓉极易繁殖，砍下来一截，插在地里就能长成。木芙蓉在当地也叫"节节高"，有些地方也称之为拒霜花，顾名思义，就是说木芙蓉耐寒，花期从 8 月一直延续到 11 月。

除了这些好看的花，菜园里也有意想不到的惊喜。我母亲在篱笆下种植的汤菜，每到结出紫黑色的浆果时，便被摘得一干二净——我们拿这些肉乎乎的果实去染书，弄得课本上一片姹紫。汤菜又名落葵、木耳菜、胭脂菜、篱笆菜等，在北京的蔬菜市场上，这种蔬菜似乎并不怎么受欢迎。印象中，汤菜也仅用来做汤，绝不炒食。而于我来说，它更重要的功能似乎就是用来染书。

小学生放学路上也有许多发现。除了抓鱼虾和小蝌蚪，用树棍将溪流拥堵处聚集的青苔一团团地挑起来，也是一大乐趣。挤掉青苔里的水，捏成小小的一团，压扁压实了，回家吃饭的时候塞进灶膛里烧，据说能烧成橡皮——我那时常跟在大孩子屁股后头捞青苔，但是从来没烧成过橡皮，至于到底有没有去烧，我也记不清了。还有一种说法是，用装过青霉素的小瓶收集桃树树干上渗出的汁液，晒干了就能制成胶水。稍微靠谱些的方子，是将菖蒲蜡烛状的花穗晒干了，夏夜里用来熏蚊子。我没试验过，据说烟气极浓，连人也熏得够呛。

算起来，这已是二十多年前的旧事了。如今，乡下的土墙多半已经倾颓，钢筋混凝土小楼一栋栋矗立起来，从前的水杉林消失了，原野上开阔辽远的地平线却被越拉越近。曾经的乡村博物学还剩下多少呢？如今的孩子们，是否还分享着我当年的乐趣呢？

（熊姣 2014 年 11 月 20 日）

院子里的梧桐树

我家后院里原来有一棵梧桐，高达二十多米，直冲头顶的蓝天。树干长得很伶俐，离地四五米没有一根小枝桠，往上才逐渐张扬，枝枝叶叶地伸展开来，将整个小院笼在其中。

我父母来这里"筑巢"的时候，这棵梧桐已经生长了好几个年头。考虑到它并不碍什么事，便留在了那里。这棵树被禁锢在院子中央，树梢却分外蓬勃地生长起来，斜斜地直冲后院的屋顶。为了不阻止它的生长，只好在屋顶开了个天窗，让它延伸过去。树干底部被屋檐遮得严严实实，在南方温润的空气里，竟渐渐生出了厚厚的青苔。

从厨房里往外看，正对着这棵梧桐，我们坐下来吃饭的时候，树便在风中吟唱。轻轻地，低微地，欢乐而恬静的样子。阳光从枝叶的缝隙间洒落，在地上映出斑驳的光影，梧桐的叶子闪着光，在微微的颤动里将阳光切割得流光溢彩。黄昏起风了，树叶哗哗作响，一片片静静地飘落。月亮出来了，从树叶的缝隙中缓缓往上爬，一直升到树梢。皎洁的月光跳跃着、闪烁着，和梧桐叶追逐着一场光与影的游戏。整个小院柔美而幽静，沉浸在光影的变幻之中。

梧桐树下的小院是我童年时代的乐园，我母亲却不懂梧桐的风情。母亲喜欢在院子里种花草，比起朴质无华的梧桐，一树灼灼的桃花似乎更受她的青睐。有一段时间，母亲极力怂恿父亲在后院梧桐树旁边的小池塘里种上了荷花。池塘里冒出几片怯生生的荷叶，嫩绿的，羞涩地打着卷。然而不及完全展开，新生的小叶便逐渐萎缩变黑，重又沉入水底去了。如此反复几次，终究以同样的结局收场。母亲每每抱怨："光都叫梧桐占去了，什么都长不起来。"绚烂的桃花开放了，母亲又说："要不是这棵梧桐，桃花还要开得好呢。"我一本正经地告诉她，植物是有知觉的，老说它坏话，让它听见了，要被气死的。母亲伸出头去，大声说："它要真是知道的，早该死掉啦！"母亲的怨恨日益深远，逐渐萌生了除掉这棵树的念头。只是事情比较麻烦，一时也就不顾及了。

有一天，我们正吃饭的时候，听见有清脆的"嘟嘟嘟"的声音传来。似乎是什么东西在有节奏地敲击树干。过去看时，什么也没有了。刚坐下来，"嘟嘟"地又开始了。于是一遍一遍地跑出去看，后来便看见一只大鸟，长长的喙，在高高的树干上啄得起劲。我的鸟类知识很有限，只记得小学课本里教的"森林医生"，知道啄木鸟是能拿尾巴当椅子，坐在树上啄孔的，便兴奋而大胆地判断它是一只啄木鸟。母亲说："时间长了，树上可能生虫了。"据说梧桐是招凤凰的，凤凰没招来，倒是来了只啄木鸟。这位不速之客隔三差五地过来，继续敲那棵生了病的树。我有时仍跑出去看，多数时候则习以为常，不加理会了。

鸟的光顾稀松起来，树干上的洞却明显起来。仰头望去，赫然的几个黑洞，树干看上去几乎被掏空了。之后起风的时候，树摇晃得特别厉害，树梢在屋后的大树之间摩擦得嘶嘶作响。有一天夜间，突然狂风大作，暴雨疯狂地击打在屋顶上。半夜被惊醒，听见后院里树沉重的呻吟，咔啦咔啦地叫人觉得它快要支撑不住，一触即溃了。第二天看时，树叶落了一地，枝桠光秃秃的，树干又倾斜了许多，大有凌空倒下、横压在屋顶上的趋势。

摇摇欲坠地拖延了几日，我放学回家时，家里来了几个人，着手砍树了。他们爬上周围的大树，从高空中将绳索扔过来，牢牢地缚住了梧桐的树干。梧桐树被来自各个方向的力量拉扯着，在半空中摇而不坠。大锯拖了过来，在大树的树干上来回推拉。树摇晃着，闪躲着，新鲜的木屑洒落在地上，发散出一股潮湿的芳香。一截截的木头被肢解下来，堆放在一旁。绳子缓缓地放下来，树干离地越来越近，在倒地的瞬间发出"轰"的一声巨响，母亲细心呵护的桃树竟被劈成了两半。

这棵经历了许多年风雨的梧桐终于卧地不起了。遭受打击的桃树剩了一半，春天的时候开了几枝脆弱而苍白的花，却再也没结过果。没有了梧桐隐蔽的院子，显得分外空寂，满院的花草竟也挡不住。为此母亲懊恼不已。现在我回家的时候，她还总爱说："以前我们家那棵梧桐……"

后记

这是大约十年前的一篇文章，原作发表在《中国绿色时报》上，具体日期已杳不可查。

关于这棵树，我后来认真回忆了，似乎并不是梧桐，而是一棵泡桐或是其他的树，主要原因在于梧桐树很干净，基本不怎么生虫。至于"在潮湿的小院子里长出青苔"的，则是文中那棵树旁的另一棵大树。这棵大树后来和前后院里的其他树木一同被砍伐了，但时间上要晚了十几年。

我们家屋子前面倒是种过一棵梧桐树。树干光滑，树皮碧绿，树叶最小的也比成年人的巴掌大几圈。我母亲经常用长长的竹竿绑了镰刀去勾树上的叶子，取下来洗干净了蒸馒头吃。热腾腾的老面馒头出笼的时候，散发出一股梧桐树叶的清香，揭开梧桐叶，馒头皮上印出清晰的叶脉，透着融融的绿。和芭蕉叶托着蒸出的馒头相比，别有一番风味。

梧桐的花和果实也是我对乡下的花草树木最深刻的印象之一。梧桐的花是小巧而精致的吊灯状，香气淡雅，不似泡桐张扬的紫花和霸道的闷香。梧桐属落叶乔木，秋风乍起，树叶枯黄飘零，一同打着旋儿落下来的还有小船一样的果实，看上去像葫芦对半锯开制成的小瓢——我们那时也称梧桐为"小瓢儿树"。小瓢的边沿上缀着一颗颗圆圆的麻黑种子，扒开来细细品味一番，比葵花籽还香。黄昏吃完晚饭，风起的时候，乡下的孩子们在梧桐树下捡拾种子，偶尔也能见到一两个闲散的小伙子的身影。

梧桐招凤凰的传说由来已久，《诗经·大雅·卷阿》中有："凤凰鸣矣，于彼高冈。梧桐生矣，于彼朝阳。"《庄子·秋水》篇说："夫鹓鶵，发于南海而飞于北海，非梧桐不止，非练实不食，非醴泉不饮。"古人对梧桐的青睐，由此可见一斑。

北京的街道上常常能见到泡桐，梧桐却无处寻觅。我母亲也很久不做散发着梧桐树叶清香的老面馒头了。我故乡的梧桐树，可还好吗？

（熊姣 2014 年 11 月 20 日）

在乡下养狗

　　算起来，我到北京快 15 年了。从孑然一身到结婚生子，人世的事情依然懵懂不知，脾气倒是长了不少。当繁俗种种压得人喘不过气时，忆起少年时的乡村生活，便愈发觉得可贵。

　　乡下人家养的狗，多数是腿脚伶俐的土狗，个头不高，皮毛不深，没有任何怪异的褶皱，也没有任何多余的修饰。按照劳伦兹在《所罗门王的指环》中的分类，这类狗比较亲近人，都属于从"豺"那一支流传下来的。而同"狼"的血缘更近的，比如藏獒、狼青之类的猛犬，在我印象中，只是那些打赤膊、刻刺青，脖子上拴着金链子的混混们养来助威助兴的。这类狗，尽管看起来威风凛凛，也有许多赫赫有名的相关故事，却总归让人难以生出亲近之心。

　　温顺的土狗自有一种安定人心的力量。我小时候受了委屈，抱着家里的狗摸它光滑的皮毛，它只静静地待着，黑眼珠瞅着你，伸出温暖而湿润的舌头舔掉你脸上的眼泪，你就会觉得，它已经懂得了你的一切。我在家中是老幺，农忙时节家里人出去捡棉花，就会留我在家看门。当天色渐晚，暮色四合时，我抱着狗在门槛上坐着，眼睁睁看着黑暗从四面八方拢过来，侧耳听村口传来驮着棉花袋子满载而归的手推车轱辘声，心里虽然还是七上八下，却莫名地觉得安心，似乎就连对未知的恐惧也消失了。

我以孩童最真挚的情谊热爱着我的狗。我爱端详它杏仁似的大眼睛，眼睛上浓密的睫毛，可笑地皱着的油亮鼻子，微微裂开的嘴唇下露出的一排洁白而整齐的小牙，还有两边龇出的几颗小尖牙。它的爪子末端、尾巴尖以及胸口的白色花纹，还有粉嫩灵巧的舌尖，都让我百看不厌。我很淘气地给它喷香水，给它穿我的衣服，再给它洗干净了爪子抱床上去玩耍。阴雨天气我不在家的时候，它从外面湿漉漉地进来，直接跳上床去寻找我，床单上就会留下一溜乌黑的梅花爪印。我母亲大为光火，因此没少训斥我，也没少当众取笑我对狗的变态爱宠。

狗经常爱干的另一件坏事，就是跳进鸡窝里叼鸡蛋，或是发疯似地左冲右突，弄得一院子的鸡张皇失措，咯咯叫着漫天逃窜，把屋顶和院中果树上掀起一片喧嚣。我母亲不舍得打猫，总觉得猫像孩子一样可怜，教训起狗来却毫不留情，抓起大棒就揍。狗眨眼钻进床底下，叫骂着拿长棍子捅它出来，它夺路而逃，从前门口一溜烟跑出去，在村子里小兜一圈，转到后门再回来。打开门，见它可怜兮兮地蜷缩在那里的样子，天大的怒气也便消了。

我家里养过许多狗，其中印象最深的是一条红鼻子的白狗，和一条黑鼻子的黑狗。为了给我的狗取名，我颇费过一番心思，词典上各种看起来不错的词都被我换过一遍。然而总是没法落到实处，大人也不加理会，到最后还是"狗儿"来"狗儿"去的了事。以上说的这些旧事，大概是从我小学五年级起一直陪着我长大的那条黑狗，也可能是它之前的那条白狗，具体也说不大清了。

我们家住在背靠河堤的一个小村子，沿河堤每隔一段路，就有一座桥。我上小学的时候，狗每日清早送我出门，远远跟着跑过好几座桥。我一再往回撵它，它才肯立住脚，伫立在桥头望着我远去。到中午，它再守候在那里接我回家。我上初中住校，每天骑车回家吃一顿晚饭，狗依然忠实地迎来送往，跟着自行车一路小跑。高中时候，一月才回一次家，狗对我的热情丝毫不减。再到后来，我上大学了，回家的次数屈指可数。狗的年纪也见长了，常常因为黑暗中认错人乱叫而挨训。它迎接我时依然激动无比，扭摆着屁股发出欣喜的声音往我肩膀上扑，动作却收敛了不少。我坐着院子里晒太阳，或是趴在桌子上看书时，它喜欢把头靠在我脚上，半眯着眼假寐。我舍不得惊醒它，常常一坐半天不敢动弹。在我想来，那大约就是对静谧生活的最佳注解了。

这其间，狗生过一次重病，一连两天滴水不进，躺在狗窝里泪汪汪地看着我们。找了村里给猪看病的兽医过来，试着打了一针，它慢慢缓过来了。另有一次，狗送我上学，回来时不见了。焦急地四处打听，一直到晚上，它自己回来了。脖子上有很深的一圈勒痕，皮毛都蹭坏了。村里的狗多数活不过五六年，不是误食了毒杀耗子的食饵，就是中了游手好闲的小混混们的毒手。而我们家的狗凭借它的机智和灵巧，除那两次大的劫难之外，安然度过了数十载的春秋。

亲戚和邻里见了我们家的狗，总要称道几句。狗并不只是我的玩伴，它很尽忠职守。我父母在河堤对岸的田地里干活时，家里有客人来了，不急去地里打招呼，自己先上门前的菜园里拔棵水萝卜吃着。狗在院子里透过门缝瞧见了，便一连声地大叫，我父母远远地听见，就知道家里来人了。狗从不咬人，偶尔有小孩从门口奔跑经过，它扑上去赶着叫唤两声，惊着了别人家的小孩，回头来挨训，它只管搭着头不吭声，一副诚实认错的模样。

狗长成大狗时，我还是个少不更事的孩童。据我姐姐说，她的高中同学至今还对我抱着一只大狗的样子记忆犹新。后来我大了，狗的模样已经多年没有变化，只是鼻头的颜色渐渐淡了，显出一点红棕色；背上的毛年复一年地褪了又长，长了又褪，形成一长溜火红的硬毛。这就是我印象中它最后的样子。

我大学毕业后在北京找了一份工作，两年没有回家。我母亲生病动手术，父亲陪她在县城住院，家里的事情托付给我的二叔。狗就在这段时期去了。我母亲怕我伤心，没有对我提及。我后来辗转得知，狗是吃了中毒的耗子死的。这令我很怅然，要知道它从前是连外人喂东西也不肯吃的。我姐姐为了打击我多年来对狗的那点不像话的痴情，甚至很残忍地告诉我，连狗肉也被村人弄去吃了。我闷闷地憋出一句"好歹养了那么多年呢"，然后就哽咽不成声。

很久以后的一个晚上，我梦见我的狗，依然是那样静静地看着我，好像在责怪我怎么把它淡忘了。醒来后，躺在枕上怅然地看着帐顶，一瞬间心里空荡荡的。狗死了，维系我和我童年时期一切美好光景的最后一丝纽带，似乎也被切断了。

我母亲后来又抱了一只模样相似的黑狗来养，但是这只狗胆怯且畏缩，连主人伸手摸摸，它也会吓得一抖。这令我母亲兴味索然，后来家里新盖了房子，院子封闭起来养鸡，也失去了养狗的必要。如今我家里已经多年不养狗。城里的狗虽然形态多样且萌态可掬，却终归不是我的狗了。

（熊妓 2015 年 5 月 20 日科学园南里）

多伦多的冰雪记忆

我在多伦多访学期间所经历的那个冬天（2013-2014 年），据说是当地十几年来最冷的一个冬天。对于一个几年都见不了一场大雪的南方人来说，这个冬天看过的雪实在不少——即便是在北京求学的年头，也没见过几场雪。我是个怕冷的人，而漫长的白色冬天也意味着没完没了的严寒。好在不管下了多厚的雪，通常很快就会迎来阳光和蓝天，让冬天也闪亮起来。

雪真的很大

传说中的鹅毛大雪，我在来到多伦多之前从未见过，但在这里实在很平常。11月开始下雪后的半年里，地上的积雪似乎就没有化完过。清扫积雪也是冬天最重要的事，据说如果有人在你家门口因为积雪未清理而摔跤，那么你是要负法律责任的。也经常听到老师和小伙伴抱怨车道和门口的雪太厚，把他们累坏了。还好我租的房子不需要自己清理，每天一大早物业会开车来把大家门口的路都扫出来。

然而即便是这样，还是偶有一两天，到中午或下午的时候雪又积起来了，而且很厚，几乎没法出门。在我们住的起居室阳台上，一直放着两把椅子，某天早上下楼做早餐的时候就发现雪好大，但椅子上还没什么积雪。到了中午下楼做午餐时，惊呆了，才三四个小时，椅子上的雪快半米高了！跑到家门口一看，门都推不开了，早上清理出来的路已经没法出去，一脚踩下去估计过我膝盖了。

在经历过几场大雪之后，我终于开始警惕起来，被困住的时候总要解决饥饿的问题啊。所以一看到暴雪预警，就赶紧囤吃的，平常采购食品时也刻意多买一些，怕冷又怕挨饿的人冬天真不容易呢。顺便说一下，在地广人稀的北美，如果没有车，冬天采购真挺麻烦。谢天谢地，

夕阳下的雪景格外美

我早早加入了学校的羽毛球协会，好心的球友在整个冬天都定期带我去采购，不然在零下一二十摄氏度拎着大包小包等公交车，想着就瑟瑟。

梦幻雪花

这个冬天足够冷，下的雪足够多，我才有机会和雪花零距离接触，看到了完整的六边形晶体。不像在北京，这里温度低至零下二十摄氏度，因此雪飘到地面不会马上融化。然而，要看到完整的晶体并且拍下来并不容易。落到积雪上的雪花因为"软着陆"，晶体完整的可能性挺大，但无数的雪花堆在一起，颜色又一样，晶体又很单薄，很难彼此区分出来。落到其他物体的雪花，虽然它本身如此轻盈，

第一次拍到雪花晶体，形态各异

然而还是太脆弱，常常会在落地时破碎。我穿上最厚的衣服，扛着三脚架和相机到阳台，观察了落在各种物体表面上的雪花，最后将落在栏杆积雪表面的雪花作为拍摄对象。动作要非常轻，一不小心雪花就掉下来，或者被碰碎。对焦也很难，相机并没有聪明到可以对这么小又透明的尤物自动对焦，我的眼睛也不那么可靠，所以最后真正能看清晶体结构的照片少之又少，仅有的几张还是裁剪放大得到的。不过还是很开心，在下雪的冬季也有了新的纪念方式。

可怕又美丽的冰灾

要是多伦多人看到我用美丽来形容冰灾估计会想打我。圣诞节的那场冰灾很严重，一夜间大树小树被压断无数，电缆断了，很多街区断电断水，严重的甚至十多天才完全恢复正常。一月开学的时候，大家谈论最多的就是冰灾，相互问候有没有被影响。我这才知道原来自己是多么幸运，水电暖一直正常，而很多人不得不暂住亲戚朋友家甚至旅馆。

那是我第一次看到这样的天气，冰封住了大地，裹住了树枝，比起在大雪里深一脚浅一脚，这个可怕多了。出门基本不能走路！政府警告市民尽量不要出门。但看着阳光照耀着晶莹的世界，心里痒痒，还是冒险出门了。我把三脚架的橡胶钉换成了钢钉，当成拐杖，扎进冰里，一步一步地挪，即便这样，我依然滑倒了几次。屋外那个大草坪已经变成了天然的溜冰场，光秃秃的枫树全都披上冰衣裳，屋檐也挂了好长的冰条，整个世界在阳光下真是闪耀啊。残留在树枝上的果子显得格外红艳，大树冠的枝条反射阳光后闪着粉色的光芒，迎着阳光看座椅上的冰条，就像无数亮闪闪的星星。如此可爱的冰雪世界！不过这样的闪耀冬天还是太可怕，希望不再发生这样的灾难了。

亮闪闪的冬天

最普通的野草穿上晶莹的外衣也美美的

小红果

松鼠

松鼠不冬眠，漫长的冬天对它们来说很不容易。这里的松鼠很多，它们就像加拿大雁（Canada Goose）一样，一点不怕人，也成为庭院的破坏大王。春天到的时候我想在院子里种点花啊菜啊的，但是种什么都会被松鼠刨出来，好不容易发芽的几株向日葵才冒了几厘米也被咬断。松鼠真是无处不在，在漫天风雪里它们依然东蹿西跳，因为环境恶劣日子格外艰难，它们也变得凶猛了很多。记得圣诞前后在路上看到一黑一灰两只松鼠，刚好手里有一些花生，就想分给它们，让它们一起共享美食。谁料那只黑松鼠想吃独食，看到灰松鼠一来就毫不留情地赶。灰松鼠似乎有些弱，只能羡慕地躲在一边眼睁睁看对方吃。我只好在远一点的地方给灰松鼠另外洒了一些花生，它们才相安无事各自吃起来。我心想看你们长得这么萌，敢情都是假象么。听一个朋友说，松鼠最怕的是身上的毛结冰，它们抖也抖不开，会扯得痛，而且行动不便。遇到这样的事，可以帮松鼠把冰弄掉，它们才跑得起来。不过我从来没有遇到过需要这种帮助的松鼠。

别看长得萌，可凶悍了，弱小的一点只好躲在一边吃

大瀑布

3月和一位年长的在职学生驱车去康奈尔大学开会，这时下雪的频率已经低了很多，但依然很冷。从美国回加拿大的时候，那个男生为了让我去看看尼亚加拉大瀑布，选择从瀑布附近的海关入境。之前我还没来过这里，因此很期待。冬天的瀑布人很少，我们停好车后到瀑布边，那叫一个冷。瀑布依然很壮观，水汽漫天，但周围全被冻起来了，瀑布的水从河里的大冰块下流过。美国那边的瀑布水更小，周围冻得更厉害。呆了顶多十分钟我就扛不住了，赶紧逃回车里。后来夏天再去的时候，人多得快赶上长假时候的故宫、长城了，我们直接没停车就走了。所以相比之下，冬天的这次大瀑布之行反而印象深刻得多。

冬天的大瀑布依然壮观

雪地野花

冬天真的好长好长，4月中下旬还下了几场雪。地里的小花小草等春天也等得不耐烦了，雪都还没化完，番红花（*Crocus* sp.）、雪滴花（*Galanthus nivalis*）、蓝钟花（*Scilla siberica*）等就迫不及待，竞相开放。第一次在院子里看到它们精致小巧的身影时，心里好激动，冬眠的日子总算结束了！早春的这些花植株都很小，为了拍她们可把我给累坏了，还搞得一裤腿的泥巴。这些可爱的花儿也给这个漫长的冬天划上了圆满的句号。

（姜虹）

从雪水浸湿的土壤里冒出来，雪滴花上还带着泥土

番红花一枝独秀，舒服地晒着太阳

破雪而出的蓝钟花

空乡

又一年国庆，又一个出门"看不到山看不到海只看到人山人海"的长假，回到僻静的小村庄果然是个不错的选择。那个生我养我的地方，真的好安静，安静到仿佛时空轮转，到了另一个世界。

消失的麻将声

众所周知，川渝两地人喜欢打麻将，从记事起村子里各种麻将声不绝。尤其是到了雨天，过节，红白喜事，麻将似乎是人们必不可少的娱乐，也总有那么几个老人和身强力壮的中年人以打麻将为职业。小伙伴们在上小学时就已经耳濡目染，打得有模有样。一直没学会的我曾经多么痛恨这个东西，带坏了民风不说，还成了最大的噪声来源。然而当我再一次在春节以外的时间回到村子里时，却再也听不见麻将的声音了。我并不怀念大家都围着麻将桌的日子，而是麻将声消失的背后，那个热闹的村庄。老爸以前闲暇时也打麻将，现在基本换成钓钓鱼、养养鸡鸭之类的活动，想打也只能到镇上。

那天我问老爸："现在是不是都凑不齐一桌了？"老爸苦笑："是啊，打麻将都凑不齐一桌了。"三四百人的村子，依然坚守在这里的不过十多个老人，盼着孩子们逢年过节回来几天，然后把家里的农产品"打劫"一番再远去。

逍遥的紫茎泽兰

我对紫茎泽兰的记忆本来停留在云南，那里路边田野山岗似乎无处不见这种野草，然而不知道什么时候，它都快长到了家门口。老爸说有传言称最初的来源是飞机播种，为了让植株死后作为农田肥料。如果真是特意为之，那做出如此决策的人真是罪大恶极，而且傻得透顶。不过，就算是依靠普通的人口流动迁移或它本身的传播而传到这里，那也不足为怪。最关键的是，大片弃耕地给了它们自由扩散的条件，有些土地差不多快成了紫茎泽兰的专属地，并且它们在红薯大豆各种作物的地里也开始蔓延开来。坚持种地的老人们对此深恶痛绝，只能眼睁睁看着土地被这种恶草霸占，却无能为力。和紫茎泽兰一样疯狂的还有本土的各种杂草，乡间小路甚至乡村公路都被淹没了，除一次草也管不了多久。妈妈为了让我们吃上新鲜的毛豆，带我们去地里采摘，但路都没有了，只能拿着锄头镰刀披荆斩棘，仿佛一下回到原始丛林。然而地里的紫茎泽兰似乎比大豆还多，看得我们一阵难受。

童年的蝈蝈笼

用狗尾巴编蝈蝈笼是我小学时候就学会的拿手活儿，其实很简单，五分钟足以搞定一个。这次回去后给小侄子悠悠编了一个，他可开心了。所用的那根狗尾巴草很长，我印象中很少见到这么长的，可能是小时候大人们老除草的原因，狗尾巴很少能长到种子成熟时这么长，而北方可能因为气候原因，也没见过这么长的。于是我编了一个大大的蝈蝈笼子，悠悠拿着手舞足蹈，一回家就跟所有人炫耀了一把。看着小朋友的兴奋劲，我不禁想起了《林间最后的小孩——拯救自然缺失症儿童》那本书。现在大部分小朋友，不要说城市儿童，就算农村儿童也有严重的自然缺失症了。可能跟其他农村地区不同，我们这里留守的只有老人，小孩都跟着父母读民工子弟校或者在镇上、县城上学，这些儿童越来越远离土地，远离父辈的乡村生活。悠悠还是幸运的，一放假就可以回到乡下，

蝈蝈笼

跟着外公赶鸭子、游泳，跟着外婆摘菜、采豆子和各种野果，还经常追着猫猫狗狗跑，比在幼儿园和市区广场玩得更开心，清新的空气也让他逃离空调病和雾霾带来的困扰。谁能说狗尾巴的蝈蝈笼，就不如工业时代的变形金刚更能给小朋友们带来快乐呢？

回家就好

对于回老家这事，我自己也应该检讨下，回去的次数太少，一年也难有一次。有时候是父母也不在家，有时候是他们怕我太辛苦自己跑回城里团聚，有时候是因为其他事情（想想也可以算借口了）。这次假期每天都在下雨，加上修路和堵车，回家有点折腾不说，更担心的是下雨天躲在家里没意思。当老爸和悠悠打着伞，为我提着雨鞋出现在村口的时候，顿时觉得好幸福。为了等我，家里的午饭也延后了，饭后老爸说他要钓鱼，为什么不跟着去呢？打着伞和老爸一起站在池塘边，没有太多言语。老爸满足地帮我上鱼饵、取下上钩的小鱼，偶尔传授点经验，虽然上钩的鱼儿很少。与其说我在钓鱼，不如说在跟老爸学他的从容和耐心。后面几天我依然每天都穿着雨鞋打着伞，跟家人去钓鱼、摘菜、捡板栗，还和悠悠把他心爱的"鸭老大"从老爸的刀下救出来送回鸭群……到离开时，发现这几天他们并没跟我讲过什么道理，讨论过家庭和工作，只是一起吃饭看电视，做很多简单的小事，抱怨我太懒不肯多从家里带点有机食材返城。回想起和老爸一起等着鱼儿上钩的情形，还有我们收

老房子

获满口袋板栗回家时大家的喜悦，无限感慨……年轻一代，真应该常回家看看，那个生养我们的故乡，不该这么荒、这么空、这么静下去。

（姜虹）

博物行记

麦迪逊的动物们

　　麦迪逊是威斯康星的一座城，威斯康星是美国中部的一个州。

　　这座城以美国一位开国之父詹姆斯·麦迪逊（James Madison）的名字命名，是威斯康星州的首府，不过并不大，也不喧嚣。城内有一所著名的公立大学，威斯康星大学麦迪逊分校，该校有美国为数不多的科学史科学哲系，与我的专业正相关。2013–2014 年，在国家留学基金委的赞助下，我有幸在这座小城访学过一年。

　　小城是很美的，尤其春夏，处处绿树掩映，鸟语花香，加上回转蜿蜒、干净整洁的道路，桃花源大抵也不过如此。秋天也美，因为有许多枫树和橡树，总是五彩斑斓的。冬天倒是稍差一点，虽然下雪很多很厚，但可能因为建筑物的颜色比较单调，反倒不如北大的红楼飞雪来得有味道。

　　小城的生态环境极好，水多，动植物繁茂。市中心就位于三座湖之间：北面是最大的门多塔湖（Lake Mendota），东南面是莫诺纳湖（Lake Monona），西南面稍远一点还有一座小湖，叫维格拉（Lake

Wingra），这些名字都是当初印第安人的叫法。大学沿门多塔湖的南岸而建；我所租住的房子则在维格拉湖的北岸。出了门，转个弯，下个坡，就到了湖岸边。因为很近，所以常常去散步，由此结识了许多动植物。对于植物，虽然知道、能区分出有若干种，但一个名字也叫不上来，也没有去查。伟大的卢梭曾说过："我总认为，一个一种植物名字也叫不上来的人，还是有可能成为伟大的植物学家的。"就让我先这样安慰自己吧！至于动物，因为湖边有一块介绍牌，反而认识了数种。

春夏季湖边最引人注目的是鸟类，绿头鸭、加拿大黑雁、北美知更鸟等等，一群群或一对对在此觅食、繁衍。时常去湖边散步的话，总能目睹它们的雏鸟一点点长大。绿头鸭中国北方也不少，北大未

绿头鸭

名湖里就有。像大部分鸟类一样，这种鸟也是雄鸟的羽毛更艳丽，头、颈部是闪亮亮的绿色，雌鸟鸟羽则暗淡许多，平凡无奇。它们除了在湖边生活外，有时候也会有一两只跑去附近居民的院子里，卧在草坪上。后来在北大也看到过一两只绿头鸭卧在离湖边很远的绿地上，如果它们不是被驱逐出群的话，那就是它们想静一静吧……当然也可能是它们的某种习性，我不了解罢了。

　　加拿大黑雁（Canada Goose）分布也很广。不过可能学界首次描述、发表这一种鸟的动物学家是在加拿大见到它的，所以就这么命名，据称它也是加拿大的国鸟。其英文名字中的"goose"通常会被译为"鹅"，我一直不明白为什么会用这个单词指称两种鸟类，后来问了某位学识渊博的同学才知道，原来家鹅是从大雁驯化而来的。这种鸟喜群居，湖边绿地上总是一大堆，要接近它们很容易。不过它们的警戒意识很强，尤其是带着雏鸟的时候。每次从它们身边走过都会被警告，大鸟会张嘴吐舌，发出"嘶嘶"的叫声，像蛇一样，不过它们也很少主动攻击人。关于加拿大黑雁还有一个笑话，是在美剧《犯罪现场调查》（CSI）中看到的：该剧中的技术分析员霍奇斯讲述他小时候某次去农场，看到一种鸟，被告知叫做 Canada Goose。于是他想，既然是加拿大的，那一定很友好吧。可是当他上前去打招呼的时候，却被狠狠地啄了。这个笑话告诉我们，美加两国的友情是深植于其人民心中的，连小孩子也知道；虽然他们常常会以此为调侃。

湖边的芦苇丛中还生活着一种著名的领域保卫者，俗名叫做红肩黑鸟或红翅黑鸟（red-winged blackbird），因为它们的两个肩部各有一块红色。每次散步靠近它们的领地时，就会看到它们飞上高枝，微张开翅膀，露出醒目的红色，威胁地叽喳着。据说它们的巢就在芦苇荡中，我曾试着去里面尚能落脚的地方探寻，但没有收获。同样有醒目红羽的还有一种红雀。这种鸟在野外很少看见过，冬天它们倒是经常来居民家觅食。这里的许多人家都装了喂鸟器，房东老太太也装了，在厨房窗户外面，里面盛放着许多小黑瓜子。某次我正做饭时忽然抬头看到一只火红的鸟，非常惊喜，这不是愤怒的小鸟吗？回头一查，还真是游戏中那只红鸟的原型。这种漂亮的鸟有个霸气十足的英文名字，Northern Cardinal，意为北美红衣主教。中文名则很平庸，北美红雀。同样，它们只有雄鸟才有这么艳丽的羽毛，雌鸟鸟羽要暗淡许多，偏浅黄褐色，不过配上红嘴和凤头也挺俊俏。鸟类中总是雄性进化出艳丽的颜色来吸引取悦雌性，人类则多少有些相反。与这种鸟一道前来取食的还有几种不同的雀，有一种看上去很像麻雀，但头肩部的羽毛却有些红色，像是染料染过一样，我想应该是杂交的吧。

另外一种很常见的鸟就是北美知更鸟（American Robin）了。这种鸟跟通常所说的知更鸟，即英国红胸鸲（qú），都是雀形目鸫（dōng）科的，但不是同一属；它们的样子有点像，胸部都有一片红褐色或黄褐色，不过北美知更鸟的体型更大。据说这种鸟是威斯康星州和密歇根州的州鸟，经常能看到它们在湖边的草地上蹦跳着寻找食物。它们不群居，行一夫一妻制，所以每次都只能见到一两只。这种鸟给人的整体印象是黄褐色系，貌不惊人。不过它们的蛋非常漂亮，据说是浅蓝色的，还有专门的词形容这种颜色，叫知更鸟蛋蓝（Robin's egg blue）或者蒂芙尼蓝（Tiffany blue），因为蒂芙尼公司选用这种颜色作为自己的标志色。我房间后门的小灯箱上就住了一窝知更鸟，我总想伺机偷窥，但却一直未能得逞，因为大鸟总在孵蛋，再后来雏鸟就破壳而出了，那种美丽的蓝色终究是无缘一见。我曾趁大鸟外出觅食时搬了把凳子，站在凳子上偷拍它们的雏鸟，却不幸被它们撞见，从此在它们的眼中就成了入侵者。于是我连后门和后院都不敢去了，因为每次一出现，就会被驱赶，它们总是不知道从哪儿冒出来，冲

后门灯箱上住着的北美知更鸟，隐约可见其雏鸟的嘴巴

我直直撞来。好在我身手敏捷，从未发生过事故。某次狼狈而逃时恰遇见房东老太太，于是告知了事情原委，老太太听完大笑："当然啦！"

湖里的动物也不少，最令我感到好奇的是大名鼎鼎的麝鼠。它们生活在水里，会水遁。每次看到它浮在水面游向岸边的窝时，总忍不住奔过去想一探究竟，但总被它发觉，于是灵活地转身，潜入水面下游走，只留下一道很快就无影无踪的水路，"水中没有麝鼠的痕迹，但它已游过"。这种鼠又叫麝香鼠，因为其雄性有一对麝鼠香腺，在繁殖期间可分泌麝鼠香，引诱雌鼠。这种香被人类用来制造香水，其毛皮也可用来做衣裳。因为这些用处，它们曾经在北美被大量捕捉，后来还被引进到其他地方，包括我国。不过虽然好奇，最终还是未能一睹真容。

湖里还生活着一种龟，我只见到过一次。那是一只皮肤上有若干红色斑点的龟，似乎年纪不小了，坚实的背壳看起来很是威武。它正从湖边向大路上爬啊爬，我恰巧带了相机，就拍了几张照片。当时湖边还有一群拉美裔人在烧烤，其中的几个姑娘发现这只龟后，兴奋地抓起它，夸张地举着拍照。我笑着看了会就继续散步了，并不太担心那只龟的命运，虽然那些姑娘正在烧烤。被迫合影后应该就重获自由了吧。毕竟，不是每个民族都像我们伟大的中华民族那样，每每遇到活物都要先问"能好怎"问题："能吃吗？好吃吗？怎么吃？"

在麦迪逊只见到过一次的动物还有好几种。夏季某个雨夜在屋内工作时，忽然发觉玻璃门外影影绰绰，有什么东西在动，吓了一跳。打开灯一开，原来是一只大浣熊带着几只小浣熊在避雨。赶紧拿出相机拍了几张，或许是受闪光灯惊吓，它们不久就离去了，我颇有些内疚，不知道它们后来有没有再找到避雨的地方。还有一次，房东老太太很兴奋的叫我出去看，原来门外大树上有一只枭，好几个路人在围观，看来这种生物并不常见。它蹲坐在树上，人来了也没什么反应，据说刚吃完一只松鼠，可能是在消化吧……最意想不到的，是有一次在湖边见到一只丹顶鹤，头上戴顶小红帽，身上羽毛是淡灰褐色的，站在夕阳里，充满仙气。一位正在跑步的姑娘也不禁为它驻足。总觉得鹤是与中国文化紧紧相连的，突然出现在异国湖边，令人措手不及。这只丹顶鹤可能是湖对岸植物园的居民，自那以后再也没见过。

虽然住的地方离当地植物园很近，却从没去过，因为没有车。曾经顺着大路往里走了走，但四周异常安静，遮天蔽日的大树，偶尔有一两辆车驶过。这样陌生的环境多少令人有些害怕，便再没继续走了。现在想想其实应该请一位有车族带我去的，但那时并不算开朗，也就算了。好在中间去过一次纽约植物园，也不算那么遗憾了。住的地方离当地动物园也很近，去过一两次，见到了大名鼎鼎的火烈鸟，果然很美，一只只亭亭玉立。在西方博物学的黄金年代里，它们可是非常受欢迎的异域明星呢。

火烈鸟中混入了一只黑天鹅

博物行记

最后，既然是记录我在麦迪逊遇见的动物，那就不能不提我最常见到的一位。它是房东老太太的猫，是一只名叫弗雷迪（Freddy）的黑猫。一看名字就知道这只猫是公的，或者说雄的，男的——美国人倾向于将宠物当作家人，对它们的称呼也相当人格化，用"他"或"她"而非"它"来称呼——因此我在这篇文里记录"它"还是犹豫了一会的，但就这样写吧。

这只猫年纪大了，平时懒洋洋的，只有在户外爬树或上房顶的时候才会敏捷起来，让人记得它仍是一只猫科动物。还有每次我从外面回来它又想要回屋时，也会以光速飞奔过来，仿佛连呼吸都丢了似的。它很向往自由，天天都要去外面逛一圈，不愿意在屋里老老实实待着。它也有喵星人惯有的高傲，不黏人，想理就理，不想理就不想理，自己怎么舒服怎么来。

这只猫特别馋。有几次我炖鸡，它拼命支起后腿想爬上灶台，并且还喵喵喵急切地叫着，眼神也急不可耐。为此我很是鄙视它；如果我小时候敢表现得这么馋，早就被大人骂死了。可是弗雷迪，你都一把年纪了，怎么还不懂得一点体面呢？不过从另一个角度看，这也是活得自由自在无拘无束的一种表现吧。老太太并不让它吃这些肉食，说它吃了会生病，绝大部分时候都喂它专门的猫粮。我不知道是不是它体质特异所以不能吃；因为北大宿舍楼下的猫经常吃，有位阿姨时不时喂它们鸡肝和牛奶，结果一个个体态丰腴，皮光毛滑。弗雷迪则很瘦。有几次房东老太太出远门，拜托我喂猫。我想当然地将猫食罐头加水直接放在它的饭盆里，未加搅拌，结果它吃得很少，没几天就更瘦了，瘦骨嶙峋的，后来加以搅拌后好了很多。看在我曾偷偷喂过你几次鸡肉和肉丸的份上就原谅我吧，弗雷迪！

这只猫有次还跟别的猫打了一架，确切地说是在守卫家园。一只来路不明、身披黄白条纹的猫靠近了我们的房子，试图进入它的领地。弗雷迪看到后立刻上前，拱起背，对方也如此，双方僵持了好一会。后来我过去了，那只"入侵"未遂的猫非常识时务，撤步往回走，弗雷迪则猫仗人势，乘机扑了上去。它占了个小便宜，但对方也不是好惹的，立刻进行了反击，弗雷迪扭头就逃。我在心里暗暗用人类的道德准则衡量了一下它，觉得，嗯，它好像不太有节操。

总而言之，这只猫又懒又馋又没有节操，但它活得自由自在随心所欲。看着它我总会想起王小波笔下那只特立独行的猪。单这一点，就已经很值得人羡慕和敬佩了。

（杨莎）

冬日里的印第安高地

　　卧室的窗户朝西。从窗户向外望去，是一片空阔的、高低起伏的林地，房东老太太告诉我那是 Indian Mound。起初我以为是自然景观，因为曾是印第安人的地盘所以被称作 Indian Mound，可以译作"印第安高地"之类的。后来发现大错特错。

　　原来所谓的 Indian Mound 是美洲原住民的一类建筑物的总称，它们形状各异，有平顶金字塔形的、圆锥形的，还有些俯视呈鸟、熊、短吻鳄等动物形状；其功能也不尽相同，或为宗教场所，或为坟墓，或为居住地，因此这个词不太好译。不过我还是将卧室窗外的那一片称作是"印第安高地"，因为它确实已经看不出来曾经是什么形状或什么用途了。Mounds 建造者们大约有五千年的历史，从公元前 3400 年到公元十六世纪。威斯康星州据说是全美拥有 Mounds 最多的州，不过我不太清楚这些 Mounds 是什么时候由哪些印第安人建造的。

　　说起来，威斯康星州如北美的其他地方一样，都曾是印第安人的地盘。Wisconsin 据说是法语化的印第安语，意为"我们居住的地方"，又一说是"长草的地方"。这里的几个湖名，如上文提到的门多塔湖、莫诺纳湖、维格拉湖都是印第安语。这里还有条路叫黑鹰路（Blackhawk Drive），有座黑鹰教堂（Blackhawk Church），还有一栋黑鹰公寓（Blackhawk Apartment），应当都是为了纪念大名鼎鼎的黑鹰酋长。他曾率领印第安联军抵抗西进的美国殖民者（1832），战败后发表了一篇悲壮的投降宣言。现今居住在这片土地上的居民们，回想起这些不知是否会感到一丝丝愧疚呢？大概对他们来说这些都已经确确实实是历史了吧。现在威斯康星州内的印第安人有自己的保留地，据说他们有特权，可以开赌场，以获得一些经济收入。我曾在芝加哥机场见过几位印第安人，面部特征很明显，也很美，如雕塑一般棱角分明。

言归正传。窗户外的这片林地夏日里自是赏心悦目，草翠树绿，生机勃勃。夏夜里还点缀着一只只黄豆大小的萤火虫，一闪一闪，颜色喜人，像是一粒粒半透明的鹅黄的玉，温润晶莹，可以让人痴痴地看很久。在秋天的景致也不错，虽然谈不上五彩斑斓，但也还是有鲜亮的颜色的，并不枯燥。后来我离开小镇去东海岸旅行了一阵，回来的时候却傻了眼。已是初冬，树叶都掉光了，草也枯了，印第安高地只剩下光秃秃的树木与萧萧瑟瑟的风，一派衰落破败的景象。当时心里想，在这样的地方住上几个月，每天对着这样了无生机的窗外，不得抑郁症也难。

然而时间很快就证明我又错了。印第安高地并不剧歇，新的主角正跃跃欲试。

　　这里的松鼠很多。夏秋时节从窗外看去并不容易看到，因为有树叶、草丛给它们打掩护。但到了冬季，它们就无处可藏了，于是常常可以看到松鼠从树的主干爬上去，一路吱吱溜溜地爬到颤颤巍巍的枝桠尖端，啃吃比较嫩的小枝，让人在暗暗担心的同时又不得不惊叹于其轻巧灵敏。而没有了树叶，树干树枝的轮廓更加清晰，林地上那几棵优美的树更显得风姿绰约、卓尔不群。松鼠在这样的树上跑来跑去，很是吸人眼球。其实松鼠也是一种很聪明的动物，我曾在秋初看到一只松鼠尾随另一只，将后者刚刚藏起来的橡子找出来吃掉，咔嚓咔嚓，三下五除二就只剩下地上一堆绿色的果皮。我很怀疑是不是自己的眼花了，但明明是看到了……

　　土褐色的野兔也是印第安高地上的居民。有一天傍晚，一只野兔在后院停留了许久许久。我担心它要冻僵了，跑出去察看，它却已跑到邻居院子里，在昏黄的灯光下影影绰绰。等我回到屋里，它又出现在后院的火炉旁，后来也不知什么时候才离去。这样的情节难免让人想起《哈利·波特》开头的那只猫。第二天，林地上的松鼠似乎也不如往日那般优雅，急匆匆地跑，仿佛被什么追赶似的，又或者急于赶到某个目的地。于是我期待着发生什么大事，然而终究什么也没有发生；又或者发生了我也不知道罢了。

　　最令人惊艳的是晚霞。夏日夕阳的落山点在印第安高地以北，晚

印第安高地

霞要绕到高地背后更开阔的湖边才能看得到；冬日里夕阳却恰巧从印第安高地坠落，晴好时窗外便是漫天的晚霞。它们或清丽，或热烈，各有各的韵味，各有各的美。于是我感到这间卧室租得物超所值。

（杨莎）

博物行记

且歌且行且珍惜

缘起

2009 年，我有幸参加北大山鹰社的暑期科考队，在青海玉树曲麻莱县巴干乡度过了一段令人难以忘怀的时光。从此，我对青藏高原产生了一种莫名的热爱，毫无缘由却轰轰烈烈。2010 年，我想去西藏，正好又有熟识的小伙伴提议去墨脱，于是大家一拍即合。可是，墨脱在哪里？它又有什么故事呢？虽然在高中时我痴迷过安妮宝贝，却没有看过她的《莲花》，因而不知道早在 2006 年墨脱就已经成为了很多人的想象。我只是在 2009 年迷上了青藏高原，对藏传佛教也产生了浓厚的兴趣。于是，当小伙伴提议去墨脱时，这个莲花生大师曾经修行、在藏语中被称为"花"的地方瞬间击中了我的心。它说想去，非常想去。于是，老头子、我、二哥还有梁令决定一起去西藏墨脱徒步。2010 年 8 月，经过漫长的火车，我们一行 4 人纷纷抵达拉萨。

初到拉萨

有时念"拉萨"这两个字时，我会想起电影《洛丽塔》（Lolita）中的台词：洛一丽一塔，舌尖向上，分三步，从上颚往下轻轻落在牙齿上，洛一丽一塔。当然拉萨与洛丽塔是不同的，但又有某些相同，至少部分读法相似，至少在很多人眼中都是禁忌又神秘的。我很喜欢这个城市。天空干净，总是纯粹的蓝和白。大大的云朵会让我想起棉花，仿佛可以把自己陷入其中，享受暖暖的温柔。

这次是我第一次到达拉萨，心情是难以克制的激动，从火车站出来后就一直欢快地蹦跶。这时，老头子的一句话"慢慢走、慢慢说话、慢慢呼吸"，把我的雀跃活生生地压了下去。虽说是为了预防过度亢奋而导致高原反应，我却慢慢开始喜欢这种缓缓的节奏。8月，正逢拉萨的雪顿节，宗角禄康公园和罗布林卡都有庆典活动。我夹杂在藏族人中，听着根本不懂的藏戏，却有种悠然自得的乐趣。下午无事时，我也会在大昭寺发呆，看虔诚的藏族人磕长头，然后在日落时同他们一起转寺。

为了适应高原，也为了给稍后的墨脱徒步做准备，我们不仅在拉萨停留了几天，还去卡鲁雄看望了山鹰社的登山队。我很喜欢雪山，喜欢在山脚仰望，欣赏它的壮美。可是我却没有攀登的渴望，不知道是因为登山太累，还是对雪山心存敬畏。和登山队一起回到拉萨后，我们的边防证、食物都已准备妥当。走过夜色中的布达拉宫，它是如此宁静，却又承担了那么厚重的历史。我突然很想陪它到天明，却还是回到了青年旅舍。

派镇：走近藏族人

拉萨到林芝八一镇的公路修得很好，沿途景色也十分优美。抵达八一镇时已经是下午，好在西藏的夏季天黑得很晚，我们短暂地讨论后决定包车前往派镇。这段路不仅变得狭窄，也更蜿蜒。车窗外，小河沿路而下。外面的天地早已夏日炎炎，而这里似乎才被春之使者光临，繁花似锦，碧草丛生。路边建有许多整齐漂亮的藏式村落，屋顶时红时蓝。听司机师傅介绍，不同的颜色代表着不同的援建地，比如福建和广东。

抵达派镇后，我们跟着老头子去了他的熟人家，其实就是2007年山鹰科考队入户的家庭。令我感到意外的是，时间已经过去了3年，这家人对老头子依然十分熟悉，就好像他只是远行回归的孩子。家中当年跟着科考队乱转的小儿子已经长成大小伙，正在纠结是否要去参军。因为老头子的缘故，我们4人受到非常热情的招待。阿爸十分开心地把我们迎进屋子，阿妈则为我们准备丰盛的晚餐。阿爸接受过教育，汉语很好，见识也广，饭桌上一片欢声笑语。二哥更是和阿爸一杯又一杯地喝起了白酒，还不小心把阿爸酒壶中的虫草吃进了肚子。虽然它是难得的大补药材，但我还是默默地腹黑道：真不怕补出鼻血。一向不喝酒的我也难免入乡随俗，喝了一小盅青稞酒。味道如何，我已经不太记得，只觉得一会儿脑袋就变沉了，晕乎乎地只想靠着睡觉。

　　阿妈将二楼的房间收拾好，我们4人各挑了一个矮榻睡下。一夜好眠。为了搭8点（相当于当地的6点）的卡车进山，我们不待天亮便起床了。阿妈为我们准备了松软的面饼当早餐，我们背着登山包爬上了阿爸的车，借着曙光前往搭车地点。同阿爸告别后，我们便正式开始徒步。短短一天的接触，阿爸一家给予的细心照料令我非常感动，真的很谢谢他们。

　　除此之外，还有一件事情令我印象深刻。当时，我们去阿爸家的油菜地帮忙收菜籽（其实就是玩），他的大儿子骑着摩托车过来看我们。当时的场景令我想起了《大话西游》里紫霞仙子的经典台词："我知道有一天他会在一个万众瞩目的情况下出现，身披金甲圣衣，脚踏七色的云彩来娶我！"那一刻，虽然没有万众瞩目，但有节奏明快的音乐伴着轰隆声，他驾着摩托车驶来。五彩斑斓的彩带迎风飘动，那个微弯着腰的男孩笑得如此明亮自信。我想这样的人可以迷倒很多姑娘吧。

拉格：翻越多雄拉山口

　　前往墨脱徒步路线的起点——松林口的路上，我们嘴里啃着阿妈准备的早餐，头却一致地扭向神山南伽巴瓦的方向，期盼一睹她婀娜的身姿。可它始终藏在云间，只偶尔探出一个小脑袋，如害羞的女子一般。走了一段路后，我们开始陷入自我怀疑：是不是已经错过前往松林口的卡车。说曹操，曹操就到了。卡车突然出现在身后，我们喜出望外地奔了过去，手脚并用地爬上了车斗。然后，我就进入了疯癫模式。

我一直很憧憬那种一群人坐在卡车里边随车摇晃边唱歌的情景。于是，爬上车后我就变得超级亢奋，站在车斗前部扶着栏杆，摇头晃脑地哼着跑调的歌，完全不管是否遭人嫌弃。有风吹过，两旁的树木缓缓退去，我看到我的长发在自由地飘扬。可能很多热爱用脚步丈量天地的人都喜欢且歌且行的状态，于是慢慢有人和我一起，从儿歌到电视剧金典、怀旧经典再到神曲，各种不着调地乐着。抵达松林口，我们这批活动的货物主动跳下了车。整理好背包，我们便跟着当地人的脚步正式启程。从同行的成都朋友那儿得知，圣山探险公司除了众所周知的珠峰业务外，也开始在墨脱提供专门的背夫业务。只不过，我想在能力可及的范围内，自己负重慢行又何尝不是一种"累并快乐着"。

按照计划，今天只需到达徒步路线上的第一个休息点——拉格，行程并不紧张。满满两卡车的人相继出发，我们4人也紧紧跟上。这一天的天气甚是多变。松林口还是一派好天气，山上却飘起了雨。老头子一路贯彻他对速度的追求，走在了最前面。唯一的女生——也就是我必然不能单独落在最后，体贴的梁令和二哥便一直和我走在一起。走了一段路后我才发现，二哥其实是不得不走在最后，因为他确实走不快。真相实在太残忍。我倒是越走越起劲，慢慢地就把他们二人给落下了，但又追不上前面的老头子，只好享受一个人与天地的无声交流。在抵达多雄拉山口之前，我们基本就保持这样的队形前进。爬山是一个体力活，我几乎没把太多的心思分给沿途的景致。当然，这一路的景色也不是很特别，石头堆砌而成的山路蜿蜒爬升，或宽或窄，但几乎没有危险。8月的多雄拉山口，积雪很少，偶尔见到便觉得十分惊喜。山口的风很大，有一种即将飞升成仙的错觉。路上乱石堆积，加之细雨纷飞，无心停留的我们决定迅速离开，以避免被风吹走的惨剧。可风如此猛烈，推着我们往前、再往前，我必须使出吃奶的劲才能抵消它和重力带来的加速度，压着步子往山下跑。

离开山口后，我们便沿着陡峭的山体"之"字形下降。曾有报道提及：某年有一位驴友曾在这个下降过程中滑坠丧命。当时天气较冷，山上堆积了厚厚的雪，现在则是一条又一条的小溪潺潺流下，远远望着就像许多纤细的瀑布。我略有一点恐高，最初只敢紧盯着脚下，心中则默默祈祷千万不要摔下去。后来，我把登山鞋换成了溯溪鞋，心中便安稳了许多，开始愉快地淌过这些清澈而冰凉的雪山融水。大约中午的时候，我们走到山底，一边休息一边啃着干粮。山脚的海拔已经很低，接下来的几天也不会有很大的爬升，于是我开始盲目乐观。山谷十分平坦，满眼翠绿，只看着便让人欣喜。本来谷中是没有路的，走的人多了，也就踩出了一条泥泞小道。我重新换上登山鞋，大家也放松下来，一边聊天一边唱歌，不知不觉就到了拉格。

前往拉格的山谷小路

　　抵达拉格后，我们参考前人的攻略，越过几个客栈后住到了"小谢家"。"小谢"其实一点也不小，大约和我的爸爸年纪相仿，可大家都这么叫他，他也没有反对，我们也就随大流了。屋舍十分简陋，由一些木板隔出相对独立的空间。每间屋子放着两张床，床上有薄薄的垫子和被子。在这个没有信号、电力又十分珍贵的地方，有顿可口的饭吃，有张软和的床睡，都令我感到非常幸福。下午3点多，我们愉快地脱下泥泞的登山鞋，开始躺在屋外的木板上享受不被打扰的时光。不用担心手机，也不用想着电脑，更不用考虑学习和工作。大约半个小时后，客栈里又来了两位驴友，他们和我们年纪相仿。其中一个比较瘦长，另一个则比较健壮，而且打扮非常非主流。热情的老头子充分发挥了"暖男"功用，和他们进行了友好的搭讪。原来，他们是清华山野的朋友，于是大家一拍即合，决定接下来的路程一起走。

当然，拉格作为连接这片山中各个村庄的唯一通道，在此停留的不只有我们这种徒步爱好者，还有当地的马队。他们带着马匹来往于这条山路，为山里的村民带去货物，也将大山中的珍宝运出来换取所需。当天，小谢家也接待了一个马队。于是，我便坐在屋外看他们卸货、喂食。其中一匹马的身上有明显的伤痕，我突然觉得有点心疼。同主人聊天后得知，它在不久前摔下了山，幸运的是只受

拉格的悠闲时光

了些外伤。他们会用针管喷些白色的药水在伤口上，大约有消毒的作用。希望它早日痊愈。

汗密：走过原始森林

天微微亮，我便醒了。吃完早餐，再收拾妥当已经差不多8点，是时候出发了。经过这一晚，我非常后悔多背了一个睡袋，它是那么沉、那么沉（此处夸张）。清华的两位男生赵兴政和王旭正式加入我们，队伍由4人变成了6人，可是依然没有我想要的妹子。最初的路尽管泥泞，但比较平坦，因而可以愉快地欣赏沿途美景，尤其是潺潺流水特别漂亮。不久之后，我们便进入了原始森林。林中

倾倒的大树

湿气较重，几乎所有的树木都覆盖有厚厚的苔藓，使它们看起来更加生机盎然。还有一些倾倒的大树，俨然成为许多植物和真菌的乐园，滋养出一片勃勃的生机。当年看冯永锋写的《没有大树的国家》时，心里十分难受，惋惜我们国家的原始森林遭受到那般噩运。因而在这片林地来回穿梭时，我非常庆幸它能保存得如此完好。由于交通困难，这片林中的木材几乎不可能运到外界，也就避免了大量的砍伐。只有少量的木材被当地居民拾来生火，而这应该是在大自然允许的范围之内。

途中偶尔也会遇到马队。马儿经过时往往会将路上的泥水带起，有时还会溅我们一身。对此，赶马人往往会对我们歉意地微笑，我们则会摇头示意无妨。当时，我就想如果在城市里被疾行的车辆溅上了泥污，我就算不明说也会在心里默默地画圈圈。这不仅仅是因为车主的绝尘而去、毫无歉意，更是因为大家都走在这狭窄而泥泞的小路上，我们彼此能够更加体谅对方。走出原始森林，便是山间的低地。四周青山，头顶蓝天，白云跟随着我们的脚步。这样的行走真的非常惬意，于是大家愉快地朝左（即跑调）唱起了歌。

这一路，我们维持着走 50 分钟、休息 10 分钟的节奏，在经过一处废弃的落脚点后终于抵达了徒步路线的第二个休息点——汗密。许多前辈推荐"曾眼镜家"，我们也不例外地随了大众。在屋子里休息片刻后，便有兵哥哥过来查边防证。我们很不幸地出了点问题：可怜的老头子在拉萨被旅行社坑了。我们交了两份办理边防证的钱，但旅行社把他办成了我的随行。兵哥哥一脸苦恼的样子，似乎问题不小。可我们已经走了两天，不愿意也不打算在此停步。好在兵站和客栈相邻，"曾眼镜"和兵哥哥也十分熟悉。在确定我们不会做出有损国家利益的事情后，他为我们出了个主意：让老头子送几包烟给兵哥哥。最终，这件事不了了之，我们也顺利离开了汗密。我一直没问不抽烟的老头子带烟是为了什么？也许是他熟知人情世故，早就预料到这种情况，又或者只是为了烫蚂蝗？

"曾眼镜"的四海客栈十分宽敞，有很大的饭厅，还有供大家聊天、玩耍的客厅。由于到得比较早，我们收拾妥当后，便霸占了屋外阳台上的桌子。男生们愉快地围起来玩扑克，我则坐在旁边的栏杆上发呆，期间还负责端茶送水，各种贴心服务。从此以后，我自诩为拥有背负能力的女仆。坐了一会，我便觉得有些无聊，只好四处转转。当然，免不了将兵站仔细观察了一番。几间屋子显得十分简陋，偌大的操场上只有一面红旗寂寞地飘扬。我还见着了"曾眼镜"养的藏香猪。据说等到10月底，"曾眼镜"会离开此地避冬，就会把它宰了和兵哥哥们一起吃掉。

晚上的时光很好打发，我们和当地人一起烤火、聊天、唱歌。因为今天的路比较湿滑，烤火的人明显变多。我们的登山鞋虽然相对较好，但也需要打理一番。坐在火堆边，一会儿听当地人唱藏语歌，一会儿自己扯着嗓子吼汉语歌，真是其乐融融。正玩得开心，突然发现烤着的登山鞋垫上出现一只蚂蝗。我的玩心顿起，便拿着鞋垫在火边烤，看着它往反方向奋力逃蹿。不幸的是，身旁的藏族人并不知道我是故意为之，还以为我被吓得手足无措，于是热情地帮我把它弄到了火堆里。我根本来不及阻止，它便消失了。我扭头看着这个藏族男孩年轻的脸，黝黑但在微笑，我也回以笑容和谢谢。

担心继续坐着会招惹生物上身，我便起身去屋外寻找小伙伴，发现他们和"曾眼镜"聊得正热烈。网上早已流传，"曾眼镜"是个很会讲故事的人，那天也是如此。我在旁边坐下，聆听他那些过去的故事，当然包括爱情，不过这些故事不用过分执着于真假，如若信便为真，不信便为假。我只知道我爱听而已。这一天，由圣山带领的那支成都队伍接近天黑才抵达"曾眼镜家"，看起来也有点狼狈。其中一位姑娘还向我们借了治疗跌打损伤的药，因为有人拉伤了肌肉。一番折腾后，我们各回各床，决定早睡早起。屋外下起了小雨，我们在滴嗒的雨声中悄然入梦。

背崩：和蚂蟥奋战的时光

小雨不知疲惫地敲打了一夜，醒来时还在叮咚作响。雨，并不是特别适合出行的天气。"曾眼镜"也建议大家修整一天，等天气好转再出发。可是，我们不愿意耽误行程，便按照原定计划前往徒步路线的第三个休息点——背崩。8点左右，我们吃完早餐，背包出发。我和老头子拿出防虫纱帽罩在帽子外，试图挡住今天可能会遇到的蚂蟥。然而，事实证明它毫无用处。

离开汗密后不久，我们便抵达了传说中的"老虎嘴"。这是除多雄拉山口下山路之外，最容易出现事故的路段。远远望去，它就像是山体上割出的一道浅浅伤口。可走近了一看，它不仅很窄，还很粗糙、湿滑。大部分地方都在淌水，路面是凹凸不平的石块，基本只容1人通过。一路上，我们互相鼓励，缓步慢行，等到了宽阔的拐弯处便聚在一起休息。尽管这段路看起来十分危险，却因为脚底奔腾的尼洋河而别有滋味。一串小小的身影掩盖在一片郁郁葱葱的翠绿中，想想也觉得很幸福。

走完"老虎嘴"，我们便正式进入蚂蟥活动的区域。比起晴天，这种湿润的雨天，蚂蟥会更加活跃。我们将裤腿扎进袜子（两双袜子），将衣服扎进裤子，还喷了花露水（不知是否有用）。走路时，我们都尽量避开路边的植物，因为它们的叶子上有许多蚂蟥正在愉快地做"伸展运动"。最初的一段路，我们根本不敢停下来，仿佛一停就会有很多蚂蟥爬到身上一样。每每走到宽阔的地方，大家才默契十足地停下来，互相检查兼抓蚂蟥。后来，可能是抓得多了，大家也习惯了，纷纷开始边走边抓。我一般是摘一片没有蚂蟥的叶子，用它盖住我身上辛苦攀爬的蚂蟥，然后稍微使点劲把它扯下来，再随手伸到路边草丛中。后来，极为淡定的男生懒得再抓，便随它们在身上乱爬。反正，爬不进去几只，就算进去了也喝不了太多血，喝了就当是促进血液循环吧。作为富有实验精神的理科生，我们还特意找了一只肥硕的小家伙，在它身上洒了点盐巴，想试试这是否有用。看着瞬间蜷缩并变小的柔软身体，我的心突然有点疼痛。

　　我们就这样玩闹着走完了蚂蝗山，开始经过各种大大小小的滑坡和塌方点。我们非常幸运，一路上都没有遇到地质灾害，尽管在刚刚过去的 7 月就曾发生了一起。所有的塌方路段都已经踩出了明显的路，但有些地方还是比较危险的。每经过一处，都能听到石头滑落至谷底的声音。换作是人跌落，大约也逃不过这个轨迹。终于，我们到达了阿尼桥。阿尼桥是一座很大的铁索桥，旁边原本有一个休息点，现在却只剩下残破的木板。考虑到蚂蝗的问题，我们一致选择了桥这一相对安全的地方。成排坐下后，我们开始解决午餐问题。

塌方路段

这一天的行程很漫长，我们离开了蚂蝗区，走过了一座又一座的桥。每座桥上都有经幡飞舞，仿佛在讲述美丽动人的故事。午后的天气完全不同于出发时的小雨，太阳开始展示它的威力。我们不停地迈着步子，也不断地补充水分。大约3点，我们的饮水完全耗尽，而路似乎还有很长一段。我们不得不琢磨水源的问题，最后总算找到了一处看起来比较清澈的流水。于是我们用头巾压住矿泉水瓶口，通过挤压瓶身将水过滤吸入。也许有人纳闷为什么不直接灌水呢？那是因为出发前我曾看到一则传闻：当地的水中有一些生物，如果喝进肚子，后果会很严重。有水万事足，大家又神清气爽地上路了。可是，小路复小路，长距离、长时间的行走已经令人感到疲惫，气氛也变得比较低沉。体贴的老头子便带领大家唱歌，美曰：唱歌可以鼓舞士气。虽然不知道这种方式是否有效，我还是以行动支持了他的想法，以至于大家说我越走越亢奋。

当尼洋河汇入雅鲁藏布江时，我们看到了河对岸的村落，背崩快到了。这里已经是军事禁区，转弯后便可以看见解放大桥，它是不允许拍照的。解放大桥的另一头便是哨所，值班的兵哥哥除了检查证件，还会查看相机、手机等设备，删掉那些他们认为不合适的照片。一阵翻包、整包后，我们终于离开解放大桥，朝杨老三家走去。这么一小会儿的停留、松懈，却使后面的路变得加倍艰辛。我眼睁睁地看着同行的小伙伴一个个消失在前方。放好背包后，男生们愉快地跑到河边洗澡，我只好默默地在杨老三家用冷水解决。背崩的温度已经很高，我换好短袖短裤后，便坐在阳台上就着温暖的阳光处理起泡的脚丫子。然而，将泡挑破后，走路更疼了。

同是四川人，杨老三对我们十分照顾，晚饭也非常丰盛。饭后大家无事，但也没敢到处乱晃，只在客栈附近转悠兼聊天。不一会儿，便有几个士兵过来检查，拿着我们的相机就把照片给删了。顿觉无趣，大家悻悻地回了屋子，为彼此按摩辛苦了一天的双腿。老头子的技术相当了得，让我们一群人纷纷惨叫。我更是又哭又笑，眼泪鼻涕糊了一床。明天，我们将会抵达墨脱，真好。

墨脱：并非世外桃源

背崩往后的路变得十分宽敞，略有乡村公路的感觉，只不过路面没有那么平整、宽敞。经打探得知，如果支付 150 元／人，会有人愿意开皮卡送我们到墨脱。不过，基于徒步本身的定位和省钱原则，我们在第二天醒来后还是背包出发了。沿着大马路走啊走啊走啊……上一个小坡再下一个小坡，偶尔经过一个瀑布。随着时间慢慢流逝，太阳越来越高也越来越晒，我们的汗水越来越多，徒步俨然变成了暴走。因此，当雅让村出现在我们眼前时，大家迅速地跑到小卖部里躲了起来，一致地喝水、扇风、涂防晒霜。直到现在，我都还记得二哥买了好多 10 元一瓶的可乐。小卖部里有个很可爱的孩子，她有一双少见的乌黑大眼睛，让老头子爱不释手，各种调戏。短暂的休息尽管缓解了疲劳，却使大家对火辣的太阳更加抱怨。此时，一辆皮卡车恰巧进入了我们的视线。大家商量了一下，觉得暴走实在是了无生趣，便决定问问司机能否送我们去墨脱。最终，谈好价格每人 50 元。我们自我打趣道：原来走了一上午，每个人节约了 100 元。可是，二哥无论如何都不愿搭车，宁可买 5 瓶可乐喝着去墨脱。基于不让任何人落单的原则，梁令便陪着二哥一起走到墨脱县城，剩下的 4 人则愉快地爬上车了。

　　刚搭车时真是身心愉悦，但这种快乐并没有持续很久。到后来，我只能紧紧地抓住扶手，目不转睛地盯着车轮在崖边压过，并在心中默默祈祷一切平安。这一段路并未修好，在我看来还不太适合开车，但当地人似乎已经习惯了这么刺激的路况。在某个上坡处，两位随行的藏族人下车搬了许多石头扔在车斗里，然后站在车斗中远离悬崖的那一侧，并握紧了栏杆。当时，还来不及细想为什么明明有座位他们却要去站着，便听到发动机发出奋力的嘶吼，皮卡也昂起骄傲的头颅往前冲，却不断地失败后退。我坐在靠窗的位置，眼睁睁地看着后轮一点点逼近崖边，最后压线停住。看了一眼悬崖下滚滚流逝的江水，我将心脏按回了原位。如此反复几次，我的心脏时好时坏，车也终于抵达墨脱县城外。至此，我终于明白那两位随行藏族人的作用原来是压车。下车后，腿还有些发软，看来被吓得不轻。不过，这次经历的好处在于：自那以后，不管是墨脱到波密的那段路，还是云南、四川的山路，我都坐得很淡定，因为底线被拉得太低。

墨脱，这个四面环山、被认为是莲花盛开的地方，我们终于来了。太阳依旧很烈，县城十分冷清。我们折腾了一阵才找到住处，大家开始翻包收拾，屋子也变得像垃圾堆一样。就在我们收拾得差不多的时候，梁令和二哥也到达了墨脱县城。他们看起来就像中暑的样子，我们赶紧把他们接进屋子，降温、吃药。各种收拾妥当后，我们一行 6 人便出门觅食，顺便遛达。晚餐并没有很多的选择，但我们还是很感激四川人的勤劳，他们把川菜馆开到了每一个角落。简单用餐后，我们朝县城的广场走去。我们一路幸运，此时也非常幸运地看到霓虹悬挂在这片莲花之地上。随后，我们在广场遇见了正打算返回波密的向巴师傅，便愉快地约定次日搭他的车出墨脱。尽管这样一来，我们就会错过传说中的墨脱血池和仁钦崩寺，但出城的车并不是天天都有，运气不好时等上十天半月也有可能。

墨脱县城并无其他特别的事物，我们在广场闲逛了一会儿后，便决定回屋子休息。空气闷热，加之多日积累的疲惫，大家都早早地洗漱休息了。

波密：重返现代城市

在汗湿闷热中盼来天明，早餐后我们便前往约定的地方。除了我们，向巴师傅还带了其他人，以至于原本十分宽敞的车厢显得有点拥挤。不过，刚出城的路况还算不错，景色与之前也大致相当。车行山间，江水蒸腾而上，萦绕林间，犹如仙境。如此欣赏一段美景后，我们抵达了一个河滩地。男生们纷纷下车解决个人问题，我只好背对着他们百无聊赖。大约因为有了水，后面的路变得十分泥泞。偶尔有大货车迎面驶来，或被我们超越。路面早已压出两道深深的车辙，越野车也只能随着货车的节奏不停摇摆。如此一路前行，直到我们遇见一大排货车停在前方。原来陷车了。他们走不了，我们也只能等着。车上的男生很自觉地去帮忙，我在旁边为他们加油。好吧，其实我就是偷懒。由于车子太重，路又太泥泞，货车始终纹丝不动。最终，车主一狠心将货给卸了，大家也用铲子把路面调整了一下。一阵马达轰鸣后，车子终于挪动了。我们继续前行，今天的目的地是波密。

忘记是在路上哪个休息点吃的午餐，只记得味道不错。饭后，我们先是穿过一片树林，然后开始往上爬升，进入嘎龙拉山区域。道路虽然不再泥泞，但随处可见施工场地，随意堆放的材料使路况看起来不那么美好。爬升到一定海拔后，窗外的温度急剧下降，我们不得不摇上车窗。远处隐隐可见雪坡，雪山也在迷雾中探出脑袋。由于雾重路滑、弯道又多，向巴师傅把车速压得很低。如此，我们正好可以仔细感受两旁的风景，我甚至幻想能否一睹雪莲花的真容。当然，车开得再慢，总会下山。随着海拔降低，气温也开始回转，路况更是好了许多。一股现代社会的气息迎面扑来，而且越来越浓烈。晚上 10 点多，我们终于抵达波密，回到灯火通明的城市。

拉萨：离开是为了更好地出发

早早起床后，我们吃完早餐便搭车去八一镇。途中遇见很多骑行川藏线的骑行爱好者。他们正奋力地蹬着双腿，与万有引力做斗争。不擅骑车的我一直很佩服也很羡慕长途骑行者。比起徒步，他们可以走得更远；比起火车，他们可以更自由；比起汽车，他们可以更近距离地感受。可是，我还是不会骑车，但愿哪一天我也可以如此。

司机师傅十分贴心，在据说可以看到加拉白垒的地方停了下来，好让我们放心地游玩一会儿。道路的一侧堆满了玛尼堆，由此可以猜测这个地方在藏族人心中定有深意。只可惜我们的好运已经用尽，只远远看到了传说中的鲁朗林海，却没能一睹加拉白垒真容。抵达八一镇后，我们找了一家川菜馆，一边解决温饱问题，一边同前来看望我们的洋洋（我们的朋友）闲扯。随后，我们搭上开往拉萨的班车。原本 35 座的大客车居然只有我们 6 个乘客，于是大家摆出各种奇葩的姿势补眠。

顺利回到拉萨，洗去野外徒步的尘土，我开启了在拉萨悠闲、发呆的时光。有时候，我会想如果墨脱就如我所经历的这样，而不是别人游记里的惊险万分，那么墨脱真的是非常温和、无害。如果墨脱不是如此，那只能说上天眷顾，而我们又如此好运。这一路上，我没有感受到生死，也没有顿悟人生，但我知道我在成长。坐在大昭寺前，我突然拥有了一种自信：如果我愿意，我可以去很多地方，遇见很多人，看很多不一样的风景。

过去的这5年，我曾去云南仰望梅里雪山，去西藏拜见冈仁波齐，去甘肃新疆追寻鸠摩罗什，也重走丝绸之路。我一直在行走，我还想去更多的地方，我想看看这个世界到底多美丽。

后记

墨脱徒步常被认为是国内十大（或几十大）经典徒步路线之首，大概是因为墨脱不仅坐落于西藏这片令人神往的土地上，而且还是国内最后一个通公路的县城。关于排名，5年后的我重新整理文字时有了不一样的想法。这些美丽的山山水水，其实并没有谁比谁更好看或更经典。在这些旅途中，更重要的是用心感受途中的景和人，与自己和解，与天地相爱。事实上，当时墨脱也并非完全不通公路，2010年我们就是搭车离开的。这条公路一直在修建，时通时断。一旦遭遇泥石流一类的地质灾害，十天、半月不通也是常事。不过，无论墨脱通车与否，都不会影响派镇到墨脱这一条路线的景致和感受。

（刘星 2013年5月初稿；2015年8月修改）

西日本博物学访古

日本博物学史大家上野益三曾经著有《博物学史散步》一书，记其探访日本各地古迹、凭吊古人，殊为风雅。他主张，研究博物学史仅仅研读博物学家所遗留的著述和文字史料是不够的，更应该考察博物学家们的出生地、活动之处，乃至其当时所见所闻之动植物相。古语云，读万卷书行万里路，也是同理。虽然身在东瀛，人生地不熟，但还是鼓起勇气，沿着上野益三的博物学访古路线，开始了西日本博物学之旅。线路虽以江户时代博物学遗迹为主，一般风景名胜也在安排之中。所谓博物学访古，不过是考察江户期博物学家种种活动之遗迹，特别是古墓扫苔、凭吊古人。本次访古地点有长崎、熊本、福冈、高知四处，初次出行收获不少，也留下了一些遗憾。

长崎
从学生寮搭乘电车前往大阪梅田，坐上了开往长崎的夜行巴士。

夜行巴士是相对廉价的长途交通方式，适合学生一族。为此行准备之时，特意购买了诸日本铁道公司的"青春18"套票，结果证明确实十分合算。早上八点多终于到达了目的地长崎，外面淅淅沥沥地下着小雨。春雨并未阻挡我的游兴，购买雨具后直奔目的地长崎出岛（Dejima）。

提到长崎，有的人会马上想起二战时期的原子弹爆炸，而我则会想起出岛。作为江户"锁国"时期日本对外交通的四个孔道之一，长崎的地位无疑是特殊的。作为近世日荷贸易的唯一窗口、日中贸易的重要窗口，令其形成了独有的风土。对日本人而言，长崎是异国风情的象征，中华风味和西洋风情共存。就城市性格而言，长崎是不多的从近世港町发展而来的城市，而日本大多数城市源于近世

出岛入口

的城下町，即诸藩藩主所在地。长崎在元龟 2 年（1571）由战国基督教大名大村纯忠开港，翌年即有葡萄牙船只入港。进入德川时期后，长崎成为天领（幕府直辖地）并专门设有长崎奉行管理贸易，宽永年间数次锁国令的颁布使得长崎贸易港的地位日益凸显。宽永 18 年（1641）荷兰商馆从平户转移到长崎出岛，此后两百余年出岛成为日欧交流的枢纽。尽管在贸易上类似于清朝的广州十三行体制，长崎却以贸易为纽带成为文化交流的中心，江户时代前往长崎研习兰学的学生络绎不绝，这一景象却是中国所没有的。

从长崎火车站搭乘路面电车，很快就到了出岛遗址。出岛原是一座呈伞形的临海人工岛，由三代将军德川家光（1604–1651）下令修建而成。面积不大，约一万五千平方米。由于明治以后的城市建设，现今出岛早已经是城市中的一部分。一下车就看到一块牌子写着"国指定史迹出岛和兰商馆迹"，并有简单介绍。景点票价不高，510日元不到人民币 30 元，且有学生优惠。从西侧口进入，可以看到两侧的木结构建筑，建筑是 20 世纪 90 年代复原的。各建筑内布置有各类展示，介绍出岛相关的种种情况。右侧有甲比丹即商馆馆长房间，皆仿造当年陈设。左边的一番藏（一号仓库）到三番藏则介绍当年日欧贸易的种种。出岛遗迹中真正与博物学相关的则是西博尔德当年所立肯弗尔通贝里纪念碑，位于出岛东北角，这据说是当年出岛药园所在地。该碑为一块三角岩石，由西博尔德在 1826 年所建，意在追慕先贤，表彰肯弗尔、通贝里的日本研究。所刻拉丁文碑文尚可见，

"E. KAEMPFER C. P. THUNBERG. ECCE! VIRENT VESTRAE HIC PLANTAE FLORENTQUE QUOTANNIS. CULTORUM MEMORES SERTA FERUNTQUE PIA. Dr. von Siebold"。拉丁文大意如下："看吧！你们的植物年年绿了又开花，那是纪念你们的花环。"肯弗尔（E. Kaempfer，1651–1716）和通贝里（C. P. Thunberg，1743–1828）都是欧洲研究日本植物乃至日本文化的先驱，都曾在出岛的荷兰商馆担任医生，西博尔德也担任商馆医生之职。肯弗尔在植物学上最知名的贡献是将银杏介绍到欧洲，林奈的命名主要参考其描述。通贝里是林奈的高徒，也是其学术继承人，林奈去世后继承了其讲席。通贝里所著《日本植物志》后来由伊藤圭介翻译为《泰西本草名疏》，此是后话。西博尔德也是一位博物学家，著述甚多，其中《日本植物志》、《日本动物志》、《日本》三种最为著名。肯弗尔、通贝里和西博尔德又被后人合称为出岛三学者。

在三人中，以西博尔德在日时间最长，与日本学者的交流既深且广。西博尔德（Philipp Franz von Siebold，1796–1866）出身于维尔兹堡的医生世家，在维尔兹堡大学医学部毕业后进入荷兰军队担任军医。1823 年西博尔德成为荷兰商馆医生，在日本定居 3 年，1826 年由于西博尔德事件而被驱逐出境。在日期间，他在长崎鸣龙町开设的私塾鸣龙塾成为西方科学的教育和传播中心，其门下可谓人才济济。他的弟子们同样是他进行日本博物学研究的左臂右膀，帮助他收集了大量动植物标本。

当年的鸣龙塾虽早已不在，在其原址上则有一座西博尔德纪念馆。从出岛出来后便前往纪念馆。很幸运地下了车后遇到一位老大爷，正好住在纪念馆附近，在他指点下很快就找到了。长崎多山，鸣龙町就在靠近山的一侧。百多年前这里是一片稻田，如今都是人家。西博尔德纪念馆前有一片园地，其中有西博尔德塑像。这属于"国指定史迹西博尔德宅迹"的一部分。纪念馆是一栋二层洋楼，外墙贴有红砖，十分惹眼。纪念馆的常规展示在二楼，可惜不能拍照，只能观看。展示内容围绕西博尔德生平展开，特别介绍其在日时期的种种情况，展品包括当年行医所用器械、鸣龙塾诸弟子、参加参觐交代①之路线等等。虽然展厅面积不大，不少实物颇为难得，特别是鸣龙塾的复原模型更是让我对之有了形象的认识。

离鸣龙塾约一两千米即是长崎历史文化博物馆，尚可一观。长崎新地中华街与神户、横滨合称日本三大中华街，此时尚是农历正月，正在举办灯会，类似庙会，热闹得很。

西博尔德纪念馆前雕像

---

① 也称参勤交代。江户时代，各藩藩主必须定期来江户参觐，轮流在江户和领地办公。

晚上还有舞狮子等表演，十分喜庆。在灯展一侧供奉着关帝，有一匾额上书"关帝圣君"，关帝前则是两排猪头，数排瓜果糕点，最惹眼的是一只完整乳猪横放在前面。关帝前的香火旺盛得很，祭拜者络绎不绝，听说话大多是日本人。

长崎灯会

长崎第二天的行程就是寺町怀古。顾名思义，寺町自然是遍布寺庙之处。这里的寺庙确实很多，有十几处。寺庙之所以与博物学有联系，主要是因为佛教在日本人生活中扮演的角色。对于一般日本人而言，佛教总是和丧葬相联系，以至有"佛教事死，神道事生"的说法。在江户时期，由于檀家制度①的确立，大部分人的墓葬都是由相应的寺庙管理。明治以后，檀家制度虽已废除，风气犹在。上野益三在《博物学散步》中介绍了几处与博物学相关古人的墓所，均分布于寺町一带的寺庙。我则按图索骥，依照其指示寻访古迹。首先拜访的是禅林寺，寺庙后山有和兰通词（即荷兰语翻译）吉雄耕牛的墓地。禅林寺属临济宗，建于1644年，在墓地入口，有一副指示牌介绍部分名人墓所方位所在，吉雄耕牛也在其中。这类名人墓所指示牌在其余寺庙也能看见，有的甚至被列为指定史迹。

吉雄耕牛（1724–1800），名永章，通称定次郎，号耕牛及养浩斋。天资聪颖，25岁即担任大通词，同时以医术闻名，号为吉雄流。翻译《解体新书》的前野良泽、杉田玄白与其来往密切，该书前有耕牛序。此外，当时爱慕兰学者无不与其交接，平贺源内、三浦梅园、司马江汉等皆有来往。吉雄耕牛墓所为吉雄家墓地。此外，还参拜了天文家西川如见墓、西博尔德妻子楠本泷、弟子二宫敬作墓。

福冈

福冈是本次旅程的第二站，以此为基地游览了附近的熊本城和太宰府。熊本城与博物学的关系匪浅，熊本藩六代藩主细川重贤（1721–1785）被视为一代明君，其所住持的"宝历改革"一举改变藩内财政不支的窘境，时人有"肥后凤凰"之美称。在藩政改革期间，

博
物
行
记

---

① 檀家制度系江户时代幕府为禁止天主教而实行的宗教管制制度。每个人必须属于特定寺院，对于寺院负有相应义务。

重贤在熊本城内设立藩校时习馆，又设立医学校再春馆，同时设有药草园。可惜时习馆和再春馆早已不存，未留下任何遗迹。细川重贤本人被视为博物大名，善丹青，其所画《昆虫胥化图》描绘了昆虫的变态过程，堪称日本昆虫生态图鉴之始。

熊本城

福冈是九州的经济中心，相当繁华。其中与博物学关联最大者莫过于贝原益轩墓所。贝原益轩（1630–1714）是江户早期的朱子学者，以博览多识而闻名，著有《花谱》《菜谱》《大和本草》等博物学著作。其墓所位于曹洞宗金龙禅寺，拜访之时寺庙正在翻修。墓所旁有一座贝原益轩坐像，有一碑刻益轩先生及其夫人江崎氏墓志。

益轩先生墓志

先生姓贝原，讳笃信，字子诚，以宽永庚午十一月十四日生于筑前州福冈城内，其先备中州人，大父某来丰州仕黑田先公，从来筑州，世为家臣。先考宽斋，讳利贞，娶绪方氏女，生先生兄弟，先生于兄弟为最季。先生世邦君三世，为儒学教授，礼遇弥厚，累加赐采地。元禄庚辰年七十一，告老致事，尤赐月俸，优其老焉。先生禀性醇厚，幼而志圣人之道。学极博洽，所操至要。以忠信不欺为主本，爱人济物为要务。昔曾在京石讲程朱之书，问者靡然来焉。近世兴性理之学者，先生为始，然其性甚谦，只恐躬之不逮而不喜近名。常言吾无长人者，但恭默思道而已。然一时老师宿儒悉推服焉，名门右族各敬屈焉。声名洋溢，辱闻清朝，恭达台廷。呜呼盛哉。晚年家居清闲自娱，手不释卷。所著之书至百余种。其志在于务作著，益以报皇天罔极之洪恩。以正德甲午八月二十七日病卒于家，享年八十有五，葬荒津金龙寺内。先生娶江崎氏女，有贤行而无子女，取仲兄存斋之次子重春为嗣，今仕于本州为监国，有一男儿女，皆幼矣，重春托铭于小子，乃铭曰：恭思默道，极精造微，爱物为务，事天不欺，韬藏增显。谦虚愈辉，遗训存策，后学永依。

门人竹田定直拜志

益轩先生夫人江崎氏墓志铭

夫人姓江崎，名初，字得生，号东轩，筑前州儒臣贝原益轩先生之配也。承应元年生于本州夜须郡秋月邑，父名广通，世仕于秋月黑田君，母谷氏同邑士人之女也。夫人之性，端直贞静，言寡貌恭，四德早成，高明而不伤其柔，严恪而不害其和，存家以孝友，聪敏为父母所钟爱。既入先生门，执辅道尤谨，治内克俭，抚下克惠，姻族雍睦，婢使悦服。先生家道之盛，夫人有助焉。信道读书不迷异端，通习经义，涉猎史传，古人歌咏，多记能解，其所作之和歌，质而不野，靡而不靡，可嘉焉可诵焉。奏筝胡琴，好之善弹，系声和调，问者不厌。最工隶书，清逾古雅如不出于妇人之手者。其所写高达天朝，见称搢绅，遐迩贵贱，乞其书者甚多，其得馈而藏。嗟乎，夫人之淑德美事，不可弹数，此其大者，其细者可略也。正德三年十二月二十六日以疾卒，春秋六十有二，葬于福冈金龙寺潜庵。夫人无子，以兄子重春为嗣，夫人爱如其所出，于是重春托墓铭于从兄常春，乃作铭曰：淑质美行，君子好逑，克勤克俭，惟惟慎修，史传博涉，经训率由，蔡琴音亮，卫书笔道，女中之秀，谁与为俦，

　　镌词为石。

贝原常春谨撰

　　从福冈搭上长途火车，于晚间达到高松，休息一夜后，从高松前往高知。由于来之前未查阅地形，当火车进入祖谷山地，其风景之秀丽颇出人意料，绿水青山，山上云雾缭绕。峡谷中有大步危车站，风景最佳。过后查阅方知，此处景点在日本颇负盛名，被称为日本三大

大步危

秘境之一。从高知车站出来，顾不上小雨，搭上旅游巴士前往五台山的高知县立牧野植物园。此山相传由奈良时代高僧行基所命名，以形似中国五台山而得此名。山上有古刹竹林寺就在植物园附近。

巴士在盘山公路上绕了几圈，终于到了牧野植物园。该植物园是为了纪念高知县出生的植物学家牧野富太郎（1862–1957）而建立，园内有与牧野氏相关植物约三千种。从正门进入，首先是土佐植物生态园，园中都是高知县本地植物，每种植物前都有牌子说明，有的还附有牧野富太郎的植物画。穿过该园后就进入了牧野富太郎纪念馆，由本馆和展示馆构成。该馆出自建筑师内藤广之手，钢木结构的建筑令人眼前一亮。无论是本馆还是展示馆都辟有不小的中庭，其中种满了各类植物。虽然天下着下雨，并不影响对整个建筑的欣赏。不仅仅是建筑之美，纪念馆中的展示同样非常丰富，简直令人目不暇接。本馆一楼是牧野文库，不过并不对外开放，在文库外提供了部分文书的复制品。从本馆经过数百米的回廊便是展示馆。展示开宗明义举出了牧野富太郎的六大贡献：记录发现并命名植物多达 1600 种，讲求物种全体像的牧野氏植物图，收集标本高达 40 万件，热心植物学普及，现代图鉴先驱，创办学术杂志。陈列以牧野富太郎的生平为主线展开，其中有不少珍贵的资料如学生时期的汉诗抄、明治 18 年罗马字日记，青年时期的自勉语录《赭鞭一挞》，俄国植物学家马克西莫维奇[①]的通信等等。在陈列最后则是牧野书斋的复原，十分形象地展示了牧野在书斋工作时的情景。

① 马克西莫维奇（Karl Ivanovich Maximovich, 1827–1891），德裔俄国植物学家，圣彼得堡皇家科学院院士。长于东北亚植物研究，曾于 19 世纪 60 年代赴日采集植物，是 19 世纪下半叶欧洲、日本植物研究之权威。

牧野植物园中庭

　　除了牧野植物园外,高知的景点还不少,可惜由于天气和时间原因,
只能留给以后了。本文题目虽是西日本，地区主要还是在九州、四国。
倘若没有上野益三的《博物学史散步》，此次旅行定是事倍功半。虽
然该书出版于近四十年前，其价值丝毫未减。日本人对其自身历史遗
产的重视和保护确实令人钦佩。

（邢鑫）

皇室颜色的金莲花

　　金莲花（*Trollius Chinensis Bunge*）的学名是俄国植物学家邦奇（Alexander Von Bunge）命名的，他曾于 1830–1831 年从西伯利亚经由蒙古来到北京，沿途进行植物考察和采集工作，进入中国北部后发现了金莲花。不过直到 1891 年，金莲花的种子才从北京辗转传播到欧洲和北美。与欧洲人发现很晚相比，中国人很早就认识到了金莲花的美丽，并赋予它许多文化含义，在这方面佛教和清代皇帝的贡献最大。

金莲花与佛教

　　《阿弥陀经》中记载西方极乐世界有七宝池，池中生长着青、黄、赤、白各色的莲花，这些莲花就是众生在极乐世界的化生之所，即往生极乐的众生依据自己一生所造的业力由不同颜色的莲花接引至极乐世界并在此莲花中化生。在《观无量寿佛经》中就记载："行者命欲终时，阿弥陀佛与诸眷持金莲花，化作五百化佛，来迎此人。"佛教经典向大众描绘的往生极乐图景中多次出现金莲花的形象，这不仅仅加强了信众对天国的憧憬，也增加了金莲花的神秘色彩，这种生长在天国的吉祥花卉，是否也会在人间出现？

在唐宋的诗词中有对金莲的赞颂，但所提到的金莲都只是佛教中象征意义的金色莲花，并不对应现实中的植物。直到辽金时期金莲花这种植物才逐渐进入人们的视野。《辽史·营卫志中》记载："道宗每岁先幸黑山（今内蒙古巴林右旗罕山附近），拜圣宗、兴宗陵，赏金莲，乃幸子河避暑"，《金史·地理志》也有金世宗将曷里浒东川更名为金莲川的记载①，之后的文献《山西通志》记载："周伯琦（元代）纪行诗跋：'金莲川草多异花，有名金莲花者，似荷而黄'"。从以上史料记载地点可判断，文中提到的金莲应是现在毛茛科的金莲花。《山西通志》中还有"金莲花出清凉山"的记录，而这里的清凉山就是山西的五台山——五台山是佛教四大名山之一，文殊菩萨的道场。在一座赫赫有名的佛教圣山出现了一种与佛经中记载类似的金莲花，这或说是机缘巧合或说是圣念感应。从此金莲花就成为了佛地圣花，文殊圣迹，以至《清凉山志》中将其列为此山八种名花之一，且是它山不产的特有圣花。这种说法强化了五台山的神圣形象，也被乾隆皇帝认同。乾隆多次吟咏金莲花，每每此时都会说；"是花产五台，皇祖时移植避暑山庄"。这种遍布北温带生长在海拔 1000~2200 米左右的植物，其实在中国北方并不只局限于五台山一地，避暑山庄周围的围场地区也是金莲花的重要产地。

① 金莲川在今天的河北省沽源县。

康熙在其诗作《驻跸兴安八首·其二》的自注云："塞上多金莲花，较清凉山尤胜"，由此可知金莲花分布在承德围场一带，因此即便是避暑山庄需要移植金莲花，也不必千里迢迢从五台山引种，山庄周围的草原遍布金莲花，完全可以就地移植。乾隆说是移植于五台山，完全可以看做是他对五台圣地和佛地圣花的一种尊崇，或是受到康熙曾移植五台山金莲花种植于故宫南花园的影响[①]。

金莲花的佛教含义进一步的扩展还需归功于康熙皇帝，康熙在其诗作《热河三十六景诗·金莲映日并序》说："广庭数亩，植金莲花万本……登楼下视，直作黄金布地观"。文中提到的"黄金布地"其实是一个佛教典故，出自《经律异相》，大致讲的是：释迦牟尼佛在舍卫城讲法，须达多长者听后感悟，希望佛可以去他的国家讲法，所以就想买下祇陀太子的八十顷庄园作为佛讲法的精舍，太子不卖，戏称除非长者用黄金将庄园铺满。后来长者拿出了黄金铺满了整个庄园，才买下庄园，请佛说法。此典故也出现在明代吴承恩的《西游记》中[②]。康熙皇帝深谙佛典，加之又对这种塞外所产的金莲花甚为喜爱，所以就创造性地以一种野生花卉为主题在避暑山庄中建造了"金莲映日"的园林景观。他以满庭开放的金莲花比拟祇陀庄园里遍布的黄金，仿造出佛典里的环境，恰到好处地表现出自己如同须达多长者一样对佛的虔诚。利用佛教典故是清代皇家园林的一个很鲜明的特色，比如颐和园里的四大部洲，圆明园里的舍卫城，但在园林景观中应用一种植物来表现佛教故事甚为新颖。金莲花在此时以自己佛地圣

---

① 据《金鳌退食笔记》记载："上（康熙）自清凉山手移金莲花，亦负南花园栽种，四月开花，碧叶黄央，鲜洁可爱。"

② 《西游记》第九十三回：给孤园问古谈因 天竺国朝王遇偶。

花的地位和颜如赤金的色彩很好地营造了"金莲映日"整个建筑景观的佛教氛围。除此之外，整个景观需要登楼观赏才能达到最佳效果，试想皇帝登楼俯视大片金莲花映日而开的场面，这种震撼人心如同葵藿倾阳一般的场景想必会让他产生九五之尊万人敬仰的感受①。

金莲花与清代皇帝

早在清代皇室认识金莲花之前，辽代的皇帝就已经认识了金莲花，这其实和游牧民族获得政权之后所设立的许多国家制度都很相关的。辽代皇帝实行"捺钵"制度，规定皇帝每年四季需要外出巡狩，其中夏季的称之为"夏捺钵"，夏捺钵不仅是为了巡狩，还有避暑纳凉的目的，辽代皇帝一般都会选择黑山附近（今内蒙古巴林右旗罕山附近）进行夏季捺钵，夏季捺钵的时节正值这些地方金莲花盛放，大片金黄灿烂的场面给皇帝留下了深刻的印象，所以辽道宗已经把赏金莲花作为夏季黑山捺钵的例行活动。之后的金世宗更是将游猎地点改名为金莲川，足见此地金莲花之盛。因为金世宗每年夏秋去此地游猎避暑，以至遭到大臣梁襄和许安仁谏阻。

清代的统治者原是生活在白山黑水之间的女真人，入主中原后很不习惯内地夏天的高温潮湿，清朝的皇室除了在北京修建各种园林别墅用以避暑外，还有一个重要的活动就是每年夏天像辽、金的统治者一样，离开北京去凉爽的塞外避暑。一般清代的皇帝都会选择5月到7月之间去承德狩猎避暑，沿途海拔逐渐增高，气温下降，金

博物行记

---

① 葵藿倾阳用来表示臣子对君主的倾心追随，如雍正《四宜堂集》有"栋梁才不忝，葵藿志常存"之句，以勉励臣子赤诚衷心。

莲花生长地越来越繁盛，花朵热烈又活泼的色彩与天高云淡的塞外环境形成了明快的对比，这种景色必然给塞外巡幸的皇帝留下深刻的印象，康雍乾三朝皇帝多次赞美金莲花，从流传至今皇帝吟咏金莲花诗词就可见一斑。

康熙皇帝曾经 7 次吟咏过金莲花[①]。他赞美的多是塞外所见大面积盛放时的金莲花，如康熙的《咏岭外金莲花盛放可爱》前半阙描述道："万顷金莲，平临难尽，高眺千般。珠蘽宜玉，翠翻带月，无暑神仙。"康熙二十二年所作《驻跸兴安八首·其二》中也有描绘承德附近："丽草金莲涌，浓荫碧树高"景色的诗句。从这些诗句中可知康熙更喜欢自然生境下金莲花壮阔的美。此外他还多次赞美塞外金莲花有着许多高洁的品格，比如《咏金莲花》中有"迢递从沙漠，孤根待品题……炎风曾避暑，高洁少人跻"品题，在《热河三十六景诗·金莲映日并序》更有"塞北无梅竹，炎日映日开"诗句，直接将金莲花与梅竹相提并论，称赞它具有卓尔不凡的高贵品格。

而康熙的继任者们似乎更喜欢传统文人式的庭院花木观赏方式和题咏。雍正皇帝曾在《赐观金莲花》中记录到"移来御砌增佳玩"，可知他是在宫苑中欣赏金莲花的。乾隆皇帝在 1749 年所作的《金莲花》有："林斋治圃种金莲，的的舒英暎日鲜"的诗句，从该诗题注可知花圃位于北京香山的离宫中。在这两位皇帝的诗句中可以见到对金莲花植株细腻精致的描述，如"檀心吐艳熏风中，钿朵含芳

---

① 《驻跸兴安八首·其二》《咏金莲花》《咏岭外金莲花盛放可爱》《金莲花映日并序》《金莲全盛》《绿金莲花》《金莲花赋》。

积翠边"，"绿玉雕叶侧，黄金簇萼间"，但是诗句中没有了塞外万顷金莲盛开那种雄壮的美。雍正和乾隆继承了乃祖对金莲花的喜爱，但是他们喜爱的金莲花已经不是塞外荒原上充满野性美的金莲花，而是从五台、塞外移植于皇宫内苑，栽植在金雕玉琢花池中人为驯养的金莲花。他们的生活情趣已经逐渐倾向于汉族文人那种雅致闲适。

值得一提的是在乾隆皇帝留下的众多题咏金莲花的诗歌中还流露出了一些可贵的人文情怀。从他的诗词题注中可知其母崇庆皇太后很喜欢金莲花，金莲花在香山种植成功后，每年花开时节乾隆都要命人采集金莲花进献给母亲，此后就成为定例，直到太后去世，香山苑吏人仍旧按时献花，每每此时都会让乾隆想起母亲的音容笑貌，伤心不已。金莲依旧，慈亲已逝，一种平凡的花草却触动了拥有至高无上权力的皇帝内心的悲楚，面对金莲花的不是一个威严的帝王，而是一个思念亡母的儿子。草木之间人类流露出真实的情感，不用隐藏也不用伪装，一种人性最本初的情感在与自然万物的互动中萌动并释放了，试想当年孔子所提出的"多识于草木鸟兽之名"，或许就是指人们在与草木鸟兽的认识互动中，可以保持那颗"思无邪"的自然之心。

经过康雍乾三位皇帝的赞颂，金莲花这种产自塞外的花卉逐渐进入了大众的视野，在 1708 年编纂的《御定佩文斋广群芳谱》中收录了金莲花，这是中国谱录类典籍第一次收录金莲花的信息，介绍虽然只有寥寥数语，却翔实地记录了金莲花的性状："花色金黄，七瓣两层，花心亦黄色，碎蕊，平正，有尖小长狭黄瓣环绕其心，一茎数朵，若莲而小，六月盛开，一望偏地，金色烂然，至秋花干而不落，结子如粟米而黑，其叶绿色，瘦尖而长，五尖或七尖。"之后乾隆年间赵时敏在其所撰的《本草纲目拾遗》中收录了金莲花，其收录文献也主要来自《御定佩文斋广群芳谱》。因为皇帝的喜好，宫廷绘画作品中也开始出现金莲花的形象，在1705年蒋廷锡所绘的《塞外花卉六十六种》长卷中首次出现了金莲花的形象，作者以折枝花卉写生的手法将金莲花与其他塞外花卉描绘在一起，金莲花的形象非常鲜明，使观者一眼就可以认出。此幅作品是蒋廷锡陪同康熙皇帝塞外出巡后按照自己在塞外所见而画，画成后进献给了康熙皇帝，之后这幅画就一直保存在故宫的养心殿里，足见皇帝对它的喜爱。在乾隆年间还有另外一位大臣蒋廷锡画了一套《花卉写生册页》进献皇帝，其中有一幅也描绘了金莲花的形象，这幅金莲花图是全株描绘，画了它的生境，有意思的是绘者在花朵周围还精细地描绘了两只弄蝶，画面顿时生机盎然，充满了自然趣味。在那个绘画讲究舍形悦影的时代，绘者可以在保持气韵生动的前提下，严谨细致地描绘出物象，实在难能可贵。此外，乾隆皇帝也颇有雅兴地画过一幅金莲花写生图，这幅图是用水墨绘成，几株枝叶扶苏的金莲花依靠着一块玲珑秀石，画面简洁，虽然没有一点色彩渲染，但通过浓淡变化的墨色表现出金莲花的素雅而不失其特点。按画上题跋"甲寅清和月下浣之三日制于来青轩"可知此图应是乾隆在 1794 年所画，此时乾隆已经 84 岁高龄，在如此耄耋之年乾隆仍然身体力行地进行写生创作，并以相当细致的笔触描绘金莲花，这在乾隆为数不多的传世绘画作品中是很少见的。

清帝为什么喜爱金莲花

金莲花深受清代皇帝的青睐，一方面是由于其外形和色泽，另一方面则深受当时文化的影响。

金莲花花萼类花瓣，重叠排列如同金黄色的微型荷花。它的花瓣呈线性，近乎直立而高出花萼，微微向花心中央合拢，尤其是花瓣未展开时，整朵花冠犹如金色莲台上并指的佛手，美丽而别致。从欣赏美丽事物的角度，金莲花很容易就能俘获人心，赞美它的美丽是很自然的事。

可是美丽的花卉有许多，而金莲花却得到了皇帝多次的赞赏，这对于一种野生植物是很少见的，究其原因这还是与金莲花所反映的文化内涵有一定的关系。皇帝对佛法的虔诚是金莲花受到青睐的一个重要原因。清代是一个笃信佛教的朝代，为了加强统治，清代很重视佛教建设以辅助自己统御四方。皇帝经常身体力行地去全国各地著名佛教圣地拈香拜佛。金莲花受到清帝第一次关注就是在康熙巡幸五台山的时候，佛国圣境遍地生长着美丽的金莲花，如同玄妙的佛法一样给康熙皇帝留下了深刻的印象，以致回京时要移栽几株。之后的乾隆皇帝更是将种植金莲花的苗圃比拟为"此是祇陀园里地，故应长者布来匀"。

金莲花色泽金黄，这是它受到青睐的另一个原因。黄色自明清开始一直都是皇室专有的颜色，任何人都不能私自使用，否则就会以僭越之罪论处。乾隆八年唐英在《请定次色瓷器变价之例以杜民窑冒滥折》认为黄色和绘有五爪龙图案的残次瓷器不可以变价处理流通到民间，以防民窑伪造。乾隆的批复是"黄器如所请行，五爪龙者，外边常有，仍照原议价"。这就表明皇帝可以容忍民间使用龙形图案也不能容忍民间使用黄色的瓷器，这样就使得黄色成为了最高统治者专有的颜色。金莲花天生金黄的色泽，这种明亮的黄色使它不同于一般颜色的花卉，在清代汪由敦的《御制金莲花元韵》有"承恩撒炬休相比，不是寻常设色花"的赞叹。金莲花拥有的这种金黄色使得它一开始就拥有了贵族皇室的气质，自然会得到清代皇帝的喜爱，康熙皇帝就曾在《御制佩文斋广群芳谱 金莲花赋》中发过"冠方贡之三品，赋正色于中央"的感叹，在他看来只有金莲花这种金黄的色泽才能称得上正色，代表居于统治中央的皇权。

结语

金莲花在现代人眼中只是一种美丽的高原野生花卉，或是一种具有药用价值的本草。殊不知在人们认识它的短短几百年间，它的文化内涵在不断地演化，从高原默默无闻的小草成为佛教中尊崇的圣花，而后又成为清代皇帝喜爱的花卉，这其中的变化耐人寻味。通过一草一木我们可以感知一个民族、一种文化，草木已经成为文化的载体，虽然它缺少人工的痕迹，但在无形中它早已融入到一个民族灵魂的深处，更好地探知草木与民族互动的前世今生，才能更全面地了解一个民族文化发展的脉络。

（王钊）

博物行记

阴行草

　　阴行草是唇形科的一年生草本植物，它具有羽状全裂的细叶，初看起来很像茵陈的叶片，所以最早的时候阴行草被称为山茵陈，北宋苏颂《本草图经》："今南方医人用山茵陈乃有数种……京下及北地用者如艾蒿，叶细而背白，其气如艾，味干则色。"

　　说来有趣，在中国古代，人们给植物取名时，常会借用已经定名的植物名称来给新发现的植物命名。比如牡丹，最早被称为木芍药。据南宋郑樵的《通志二十略》记载："芍药著于三代之际，风雅所流咏也，今人贵牡丹而贱芍药，不知牡丹初无名，依芍药得名，故其初曰木芍药，亦如木芙蓉之依芙蓉以为名也，牡丹晚出，唐始有闻。"阴行草的命名经历也类似于牡丹，最初人们因为采药治病的缘故最先发现了茵陈，后来阴行草因为叶形和药效与茵陈类似，就被命名为山茵陈。阴行草生有黄色类似钟形的花朵，再依据这个特征，它又有了黄花茵陈和金钟茵陈的名称。至于阴行草这个名称最早出现在清代吴其濬的《植物名实图考》里，他在书中指出"阴行，茵陈，南言无别"，这就是说因为南方方言中"阴行"和"茵陈"发音没有什么区别，导致这种植物最后被讹传为阴行草，并一直沿用至今成为它的正式中文名称。

　　阴行草还有另外一个药物名称：北刘寄奴，或者被简称为刘寄奴。这个名称听起来特别奇怪，很像一个人的名字。没错，刘寄奴最早就是一个人名，此人正是南北朝时期刘宋的开国皇帝武宗刘裕，他的小名就叫寄奴。用他的名字命名一种植物还有一个小故事，据李延寿的《南史》记载，刘裕小时候在新洲这个地方砍柴，半路遇到了一条大蛇，急忙之中他射伤了大蛇。大蛇逃走后第二天他又来到这个地方，隐隐约约听到了捣杵臼的声音，他顺声而寻，发现榛树林深处有数十个穿着青色衣服的童子在捣药。刘裕问他们在干什么，童子说我们的大王被刘寄奴所伤，所以现在在为他制作金疮药。刘裕反问他们大王为什么不杀死刘寄奴，童子们答道刘寄奴是具有王气的人，不能杀害。刘裕听后叱散了童子，自己取走了他们所捣之药。以后每次有刀伤他就敷用此药，伤口很快就会愈合。后来人们就将童子们制此药所用的植物称为刘寄奴。

　　不过此处所说的刘寄奴并非阴行草，而是一种产自南方的菊科植物奇蒿（*Artemisia anomala*），它也叫南刘寄奴。与此相对阴行草被称为北刘寄奴，而且这个名称长时间在北方被广泛使用，在明代李中立的《本草原始》刘寄奴条目下，插图明显描绘的是阴行草的形象，这和唐代的《新修本草》以及后来清代编纂的《图书集成·草木典》中正品的菊科刘寄奴的形象有着明显的出入。造成这种现象的原因一方面是人们对两种植物有所混淆，另一方面也是因为刘寄奴自然的分布区域主要在江苏、浙江、江西等南方地区，北方很少产出这种草药，作为部分药效类似的本地区替代品，阴行草这种可以在北方生长的草药自然就成为了北方的"刘寄奴"。

阴行草

　　阴行草的命名从早期依附茵陈蒿而取名，再到依据药效而借用刘寄奴之名，最后才用谐音将名称定为"阴行草"。从一种植物中我们窥探到了中国古代植物命名文化的一角，这其中既有传说故事又有本草引证，还有更多的植物名称等待我们的解密！

（王钊）

翁丁村游记

    2015 年 6 月 8 日，在"山路十八弯"的颠簸中昏昏欲睡了 10 多个小时后，我随同云南省环科院的欧阳志勤老师、画家杨泽、西南林学院的硕士研究生彭淑娴，连同司机一行 5 人，来到了位于云南省临沧地区的沧源县。我们此行的目的，是考察据说是"中国保存最为完整的原生态佤族村"——翁丁村，策划并开展环境教育项目。

    当天，我们在阿佤山大酒店留宿，那一夜，我失眠了，想起了以前和佤族同胞交往的种种经历，苗条的佤族姑娘长长的黑发和细细的腰肢，佤族男子强壮的体魄还有黑皮肤下火红的心，佤族狂野的歌声，还有那些曾经的打动过我的细节……

    我曾在云南民族村担任过一年的民族文化总顾问助理，这段经历使我对佤族文化有了一定的了解。那时，民族村 25 个少数民族村寨里，佤族人民的热情和狂野最能打动我。每天中午，我喜欢端着饭盒，跑到佤寨，一边吃饭，一边看歌舞表演。表演结束后，和佤族演员唱唱歌打打鼓，无需太多语言，那种最简单最不戴面具的人际互动，让我每天都精力充沛。有个佤族青年歌手，叫岩茸赛梭，知道我会英文，每天都会和我学上一两句，他也会教我几句佤语。我还在他的建议下，把佤族的名歌《月亮升起来》改编成英文版的。周末，我的佤族朋友还会邀请我去他们宿舍做客，做地道的鸡肉烂饭、凉拌米粉、杂菜汤给我吃，然后大家一起喝啤酒、侃大山，特别地开心！与佤族同胞的相处，成为我在民族村工作期间最开心的回忆。也是因为这些铺垫，当环科院的欧阳老师邀请我参与翁丁村环教项目时，我毫不犹豫地答应了。

第二天一大早，在当地环保局鲁局长、张副局长的陪同下，我们甩完大碗米干，向真正的目的地——沧源县城西北方向约 40 千米处

牛头桩

的翁丁村出发。在仙境般迷雾缭绕的山路盘旋大概一个小时后，我们终于来到了村口，除了看到身着民族服装的几个村民兼工作人员外，我们还看到了简易的售票点，入村门票为 50 元 / 人。

进了寨门，就看到一片空旷的广场上立着几个牛头树桩，一座座草房透过迷雾而来。最高大的建筑是佤王府，接下来沿着窄路小径布局着各式佤族茅草房民居，相伴的是房屋内外无数的牛头。

我们很幸运这次能入住寨主杨建国家。简单地收拾之后，我们开始探索这个神秘的村寨。整个村庄坐落在森林怀抱中，据说，佤族村寨周边的树都不能砍，树是保护村子的神林，所以佤族村庄周边的树

翁丁村全貌

都很茂盛，形成林墙。这里生长着珍稀濒危植物董棕、灯台树、苏铁等，欧阳老师说，难得看到这么多珍稀植物大面积地生长着，在沧源县城里，它们甚至作为行道树，煞是独特！

来的路上，欧阳老师曾经说，那个村寨，会让人产生敬畏之心。现在，我身临其境，开始慢慢感受到她所说的那种"敬畏感"。呼吸着雨后清新的空气，眺望着远处的青山云雾，整个身心灵，都被绿色的植物、棕色的茅草屋环绕，那种新鲜和超然的感觉，除了不断发出"哇"的幼稚赞叹外，很难用言语来形容。正如画家杨泽说的，"来到这里，我不想女人、也不想发财了……"这里，让我们忘记平时的欲望，重新思考自己想要的生活。我突然想起自己大学刚毕业时，立志要环游世界的梦想，还有研究生期间，立志要在某个领域有突出成就变成"某某家"的目标，相比这里简单朴素的生活，那些野心勃勃的志愿变得有些可笑。我一直认为，人所处的环境，对生活轨迹有着巨大的影响。住在以吃喝玩乐为目标的大都市，人想的就是如何挣更多钱来买车供房。而生活在翁丁村这样的环境下，人会想什么呢？我不得而知，也无心去了解别人的想法。我只知道，在这样的地方，我感觉自己特别渺小，但是也觉得内心特别踏实。

据说，原生态的佤族茅草屋民居，是杆栏式结构。可以大致分为两类，一是单身成人住的屋顶很矮的单层椭圆形屋，成年未婚和孤寡中老年都住这样的房；另一种就是普遍的两层楼，楼上住人，楼下畜居。但是新婚的夫妻住的是单层的茅草房，不管多么有钱，都必须住满 3 年以后才能搬到两层楼的房子里。此外，佤族人家都会在村边建自己的一间储藏屋，主要装粮食，且都不上锁，佤族还保留着路不拾遗的遗风。

翁丁最为神秘的吸引力，也许就是任何人都要洗耳恭听的村寨心脏。在翁丁村的中央，矗立着一根柱桩、一个鹅卵石器和一个高高的标杆。这三样东西是翁丁原始宗教的神秘所在，他们共同构成山寨的寨心。欧阳老师说，寨心只有男人才能摸，女子是不可以摸的。寨心是全寨人精神的寄托。佤族人普遍认为，只要有心，心诚就能祈求到自己的愿望。

距寨心 5 米开外还有一座撒拉房，也就是公房，坐着几个当地的男子和小孩子。其中一个当地男子告诉我，这里白天是供村民休息歇脚的地方，晚上就成了

寨心

青年男女谈情说爱的地方，相当于是婚介所。我和同行的老师都在纳闷，这么小的地方，如果谈恋爱，也只能容纳一两对吧，否则彼此都会互相干扰。我在撒拉房见到两个小孩子，小男孩估计只有两三岁，大大的黑眼睛格外引人注目，小女孩五六岁的样子，头发是黄的，小彭还问我她的头发是不是被染过。我把随身带来的巧克力豆分给他们吃，小女孩开始抢小男孩的巧克力豆，我看不下去，就和小女孩说，你是姐姐，怎么能抢弟弟的豆吃呢？转过头，我让小男孩给我看看他手里的豆豆，他怎么也不松手了，估计是担心我像那个小女孩一样把他的豆豆抢走。

撒拉房

抽烟的婆婆　　　　　　　　　母子三人

　　寨子不是很大，但是很有特色，茅草房子、石子路以及不时走过
的村民，都无一例外地彰显着这里原始生态的生活方式，但也能看到
有着现代生活气息的摩托车，更显得真实和韵味十足。我们在杨泽画
家那双发现美的眼睛的指导下，纷纷按下快门，捕捉着每一个美的角
落。我们都突然变得很放松很煽情，在这个雨过天晴的早上，像个孩
子般尽情地玩耍着。

　　不经意间，我们走到一棵估计有几百年树龄的大榕树下，顿时感
觉一阵寒意，抬头一看："人头桩"，毛骨悚然！原来佤族有种风俗
习惯，用人头祭天，以祈求粮食丰收。选用的人头多为外族胡子多的人。

这种风俗直到 1975 年在政府的劝导下才废除。这棵大榕树的地面网状根，已经颇具规模，整棵树也有点"独树成林"的架势了。枝桠上，挂着许多牛头，让我深刻地感受到生命的力量。我们还去了墓地，也是一样的大榕树和牛头，只是我没有在那里停留太久，因为欧阳老师说，这样的地方阴气重，他们男人阳气旺不怕，我们女人不宜停留太久。佤族人有着独特的安葬文化，他们共用一块墓地，不竖碑，因此，埋新人时，难免挖到故人的尸骨，但也不忌讳，只要把尸骨埋进去就行。人死之后，亲人只来祭拜三次，之后就不再有什么仪式了。相比城市人花高价买墓地竖碑来说，佤族人真正做到"回归自然"，这也是让我深受触动的文化特征。

现在的翁丁村，传统和现代文明的冲突还是比较大的。人们的居住习惯还是老式的，可人们同时也在享受现代文明的成果。许多家庭有了摩托车、手扶拖拉机、洗衣机和电视机，人们的商品意识在逐步提高。二十多年前，云南的有些地方人们还不好意思卖东西，要卖东西时，把要卖的东西放在路边，自己躲得远远的，需要买东西的人把钱或物摆在这里，然后拿走自己需要的东西。现在不同了，在我们快要走到一个小摊点时，村民会友好地和我眼神示意。我买了两个白色的手工麻布包包，大的 50 元，小的 20 元，同行的研究生小彭买了一个麻布披肩，70 元。因为是手工做的，每个包包的大小、纹路都有些差异，可能是边劳作边做的，上面还沾了泥土。我就喜欢这种远离都市的感觉，正好拿来配我的亚麻布衣服。

有点遗憾的是，来之前，我期待着能见到长发飘飘的佤族姑娘，还有帅气强壮的佤族小伙，可惜，整个村子，见到的多半是中年人、老年人和孩子，估计年轻人都去外地上学或者打工了。

很多人家门口，都种着一两棵烤烟、番石榴、芭蕉树，都不多，零零散散的。有的家门口还种了玉米和其他农作物。

（许玲）

伦敦博物游

2006 年，从未出过国的我，受邀参加当年在英国牛津大学举办的"世界植物园教育大会"，并作为唯一的中国演讲嘉宾，作了 15 分钟的会议报告。我也借此机会游览了伦敦、牛津和苏格兰。这趟旅行打开了我的眼界，让我扎根进"自然教育"的研究之中。其中，在伦敦的博物馆之旅使我第一次接触到 Natural History 这个词，这为我多年后报考北大刘华杰老师"博物学史"专业的博士研究生埋下了伏笔。很多年过去了，当时在伦敦参观博物馆的情景，仍然历历在目……

在短短两天之内，我走马观花地游览了伦敦三个较有名的博物馆，而且都是免费。其实，每个博物馆，都值得花上一整天甚至几天的时间去参观。

首先是自然博物馆。博物馆总建筑面积为 4 万多平方米，馆内大约藏有世界各地的 7000 万件标本，其中昆虫标本有 2800 万件。一大早，我就从邱园（Kew Garden，即英国皇家植物园）坐上伦敦的地铁，车上有来自不同国家、不同种族的人，沿途风景很好。伦敦真是个很会保存古老建筑的城市，在郊区很少看到现代化建筑，更多是精致的别墅和绿色植物。那些古老的房子，颜色虽然有些褪去，却仍然有不错的视觉效果，像风韵犹存的少妇。英国地名都很长，我又不熟悉，所以每到一个站就睁大眼睛看标识，心里还默默数着，生怕坐过了。九站后，终于到了目的站南肯辛顿（South Kensington）。出了站口，很快就到了有名的自然博物馆（Natural History Museum），目前国内常把Natural History翻译成"博物学"。

　　高大的建筑，入口处有罗马式雕像，一个长电梯通向象征地球的球形建筑，代表由此开始探索地球奥秘，整个大厅非常壮观华丽。博物馆分四个区域：橙色的达尔文中心（orange zone），蓝色的海洋世界（blue zone），绿色的陆地生物世界（green zone），以及红色的地球之今日与未来展区（red zone）。我一直想搞明白为什么这样划分，划分标准和西方博物学的研究系统是否有关系。我主要参观了绿区和红区。其中，"地球馆"（Earth Galleries）讲述了地球的演变以及各种生物的故事，内容丰富得令人吃惊。互动性也很强，多种展示方式让游客参与学习和体验，尤其吸引亲子游客。年轻父母推着婴儿车，那么小的孩子睁大眼睛津津有味地看着不同的展品。

　　自然博物馆的隔壁就是科学博物馆（Science Museum），是伦敦另一个有名的博物馆，展示了人类科技发明史上重要的实物，尤其是工业革命后的发明。在这里可以看到14世纪的钟、18世纪初的蒸汽机和火车、18世纪末的汽车、19世纪初的拖拉机和联合收割机、20世纪中期发明的第一台通用计算机和登月舱及返回舱，它们实实在在地向世人展示了人类文明进步的历程和智慧的结晶。门面非常不起眼，但从蓝色入口进去后就会感到豁然开朗，展厅很大，共有五层楼。我浏览了一楼有关航天技术、物理学和心理学的展示区，在心理学那里停留了一些时间，因为有很多互动项目，包括测量你的情绪反应、变性游戏（自动帮你拍照，根据你的外貌画出你变性后的样子）。可惜，还没参观完，就闭馆了。

第二天，我参观了世界上规模最大、最著名的博物馆之一——大英博物馆（British Museum）。博物馆始建于 1753 年，1759 年对外开放。共有 100 多个陈列室，面积六七万平方米，共藏有展品 400 多万件。分为 10 个分馆：古近东馆、硬币和纪念币馆、埃及馆、民族馆、希腊和罗马馆、中国馆、日本馆、史前及欧洲馆、版画和素描馆以及西亚馆。馆藏文物价值连城，记载着人类文明的发展史。记得中学时代就在历史书上看到中国很多流失的著名文物就收藏在大英博物馆里，今天终于可以在国外一睹中国古代艺术的杰作，心里有点酸酸的、愤愤的。正门的两旁各有八根又粗又高的罗马式圆柱，每根圆柱上端是一个三角顶，上面刻着一幅巨大的浮雕。整个建筑气魄雄伟，蔚为壮观。入口处要检查背包，警察友善地问从哪来？我自豪地说：中国（China）！他说："中国，太棒了！"进了入口，玻璃与钢材结构的网状穹顶将中心的图书馆与周围展厅连为一体，简洁敞亮的现代气息扫去了历史的压抑。据说大英博物馆如果要好好逛，两天都逛不完。为了节省时间，我根据路标直接奔向中国展厅，展品包括商周的青铜器、唐宋的书画、明清的瓷器和金玉制品等等，据说共有两万多件稀世珍宝，其中最为名贵的有《女史箴图》、宋罗汉三彩像、敦煌经卷和宋明名画。博物馆后门的两只大石狮也是从中国运去的。

和中国馆相比，日本馆和韩国馆的展品就少多了，参观的人也少。然后我飞快地浏览了埃及馆，这是最大的陈列馆之一，展有大型的人兽石雕、庙宇建筑、为数众多的木乃伊、碑文壁画、镌石器皿及金银首饰，其展品的年代可上溯到5000多年以前，藏品数量达7万多件，其中包括19世纪英国海军统帅纳尔逊从法国国王拿破仑手中夺取的古埃及艺术品。

大英博物馆令我感触最深的有两点：一是亲眼目睹世界最丰富、最有价值的文物宝藏却不用买门票；二是绝大部分文物可以自由拍照。这对英国人来说是个福分，对每年来自世界各地的数百万参观者来说也是最好的馈赠。我想，在大英博物馆参观，来自中国、希腊、埃及和中东许多国家的人心情应该都很复杂：一方面赞叹大英博物馆收藏之精、研究之细、将世界文明精华保护和荟萃于一堂，另一方面又深为当年国家积贫积弱、国宝被列强所掠夺而悲愤交加。该馆里陈列的中国敦煌的壁画、经书就是许多中国人的刺心之痛啊！

在英国生活其实很幸福，随处可见的博物馆、艺术画廊、美术馆等免费供大家参观，统计数字说有300家之多，能说得上来的名馆也有二三十家。每一家都是人类智慧的结晶。

（许玲）

博物行记

故乡的山川

2015年4月，父亲六十大寿，我在一千多千米外的北京，除了远远的祝福，帮不上任何忙。《我是歌手》决赛上，李健唱了一首《故乡山川》，听着听着就差点泪流满面。

我爱我的家乡，那里是东北边陲小城，四面环绕着起伏的山，中间一片小平原，有着肥沃的黑土。小平原上有一江一河经过，江叫图们江，河叫珲春河。中国的国土上有太多大江大河，华夏文明也围绕着诸多江河展开，这样小小的水系太不出名了，一点也不波澜壮阔。可对于我来说，她们是母亲河，比长江黄河给予我的要多。

说起来，默默无闻的图们江还有两条相对有名的兄弟河流，松花江和鸭绿江，三江同发源于长白山天池。图们江北流后南折，流经平原，和珲春河汇集起来奔流入海。遗憾的是，入海口并不是中国的国土，所以以往这么多年，小城注定了闭塞的命运。我家所在的村就在图们江南折这段。

我的家在村东南，院子占地三亩多，再往南是一片稻田。在东北，这片稻田半年耕作半年休养，但在我眼中一整年都是风景。春天可以在田野里奔跑，新翻的耕地有着泥土的味道；夏天光脚在水田里趟过，梦中都有青蛙在呱呱叫；秋天躺在割倒的水稻上看天高云淡，大雁南飞；冬天去雪地里找野鸡，听西北风呼啸。

冬天院内稻草堆与院边4棵杨树，我出生时，母亲亲手栽下了这些杨树

夕阳下的稻田

　　沿着村内唯一一条主干路向西走三里,就到了江边。图们江是界河,过了江就是朝鲜,由于图们江弯了道弯,再向西百余里就又回到了中国,那是我小时候无比向往的远方。

　　没离开家时,我的游乐场就在江边。和小伙伴做完作业跑到江边的沙地翻跟头,躺在树荫下看黄牛青草蓝天白云,偶尔背会新学的诗,唱首跑调的歌,没有人欣赏,也没有人嘲笑,我和小伙伴有自己的快乐和热闹。黄昏时分,太阳的余晖洒在江面上,半江瑟瑟。老黄牛哞哞地叫着小黄牛回家,村里的狗汪汪地冲归家的路人吼,江水不理这些喧闹,只管哗哗地流。

　　更多的记忆来自于与江水的互动。小时候总是淘气又胆大,冰冻的江面即将开化时,也敢去滑冰;分明不会游泳,也敢跳进挖沙子形成的水坑中。夏天,江水丰沛时,喜欢看父亲去江里打鱼。我力气小,从没自己撒过网，只是帮父亲织网。织网要有耐心，也需要技巧，疏密要均匀，网孔不宜过小，一张大旋网，利用农闲时间，也要织上半个月。那时我十来岁，每天放学放下书包就是帮父亲缠渔线，将渔线一圈圈绕在梭子上，反反复复很无聊。有时我会问父亲，为什么人们常说岁月如梭，我可看不出来岁月和"两头尖中间鼓"的梭子有什么关系。现在回头想想还真是岁月如梭，一来一往来来往往中就过去了那么多年，父亲早就再不打渔，我也就没帮忙织过网，儿时的伙伴早已天各一方。

　　江西边还有一片山，近处的是连起来的两座，除了阴天雨雪或者大雾，站在我家的院子里就能看到它们肩并着肩，像依偎在一起的姐妹，迎接着每天的日落。冬天时，山顶会覆上一层冰雪，跟青黑色的山体对比鲜明。有时，山间也会云雾缭绕，小时候总觉得山里应该住

黄昏时的图们江，江上的小船，江对岸是朝鲜的山

着神仙，很想上山看一看。我从不知道任何关于这山的细节，也没上山看过那里的草木，因为不是中国的领土，可一提到山，就觉得应该是它们的样子。山其实不高，但因为近，还没进村，目光就能穿过村庄，看到远远的山尖，朝着山走，就到了家。图们江涨水时，看起来像漫到了山脚，浩淼一片，很担心山被移走了，就找不到回家的路。

这山、这水、这稻田看着我长大，但它们也不是永远那么美好。20世纪90年代，图们江发过两次洪水，卷走了庄稼和许多村民的财产。进入新世纪后，为了防水患，人们修建了堤坝，江边的一片青草地不见了。再后来，我在外读书的几年，边境局势紧张，部队巡逻官兵越来越多，一旦碰到就总要盘问为何来此，你说"看风景"，别人似乎捡到了天大的笑话，一条细弱的江流和一堆丑陋的石头有什么可看的呢？我想告诉别人，有记忆的风景才是最美的，它们会在回忆中反复发酵，不再只是风景，而变成一种象征。工作和生活于此的人不会懂，熟悉的地方是没有风景可言的。不过，在归家离家的路上来来往往的我，又能站在怎样的立场上看待边民生活的艰辛呢？

记忆也好，现实也罢，十五岁那年我离开了家。父亲跟我说过，从爷爷的爷爷开始，我们就住在这个村。由于人少地多，水流丰富，土地肥沃，只要勤劳，这里的土地总不会亏待你，不愁温饱。但时间流逝，沧海桑田，我似乎从未感受到土地带来的富足。我小时的日子过得清苦，一边读书一边要干农活，一家只有这几个劳力，没有办法明确分工。父亲是个瓦匠，还会点木工。母亲则种地，种菜，养猪，养鸡，养鹅，家里还有一条狗，和总也数不清的猫。自给自足的家庭农业形成了个小型生态系统，但平衡太容易被打破，现代化带来了分工，也带来了家庭农业的没落。大型机械开进了田野，农药化肥铺天盖地而来，养猪喂鸡不用饲料就等着破产，执着于传统作业的也许只有对土地感情深厚的母亲，于是在竞争中渐渐被淘汰。父母的年岁越来越大，劳动越来越繁重，收入却越来越微薄。土地还是那片土地，山河也依旧是原来的山河，但父母口中"不愁温饱"的生活已经变了。最终，我还是遗弃了看着我长大的土地山河，它们成了我回不去的故乡。

　　我不敢妄自评论父母那一辈人。但无疑，他们的执拗与勤劳给了

村北新修高速公路，从稻田中穿过，伸向远方

我一个无与伦比的美好童年和少年，我想，已经选择在都市生活的我，对土地山川的感情是无法传给我的子女的。电影《乱世佳人》中最后一个场景，斯嘉丽回到塔拉庄园，那里的土地能给她力量。在外求学与工作多年，我仍旧每年都会回一两次家，那里的山川土地也可以给我力量。

（铁春雷 2015 年 5 月 14 日）

八宝花①

　　那是爬尽了一领长长墙头的八宝花呢。每年初夏，鲜绿的叶子间花团锦簇，各式的粉，各样的红，小院儿里再没有明艳过它的了。

　　最初它不过是母亲从村里一户人家得来的一枝新条，上面挂着几片柔弱的叶子，不曾想几年后它会有如此规模。我那时上小学，记不住侍弄花草这样细致的事情。后来听母亲说，这枝条成长得颇令人惊喜。枝子在花盆里押好了，就迁到二道院留的花坛里。那几年村里的年轻家庭很是盛行"二道院"结构的户型，我家也敢着时兴把原来是泥地的院子抹上水泥，在院子和正堂门之间加了一道一尺半高三尺宽的水泥台子，是名"二道院"。母亲爱花，所以提前留了两个花坛，一个靠着西边的墙角，一个在中间位置，正堂门旁。这样一来，我家西屋的窗外，以后的景色就非常好看了，西侧是攀附在墙头的八宝花，东侧是够着窗棂的月季花。

　　迁到花坛里的八宝花，长得甚是兴旺，母亲侍弄得勤快，那枝条也就更加努力地挺壮蹿高。枝条上长出三个芽，分别长成三根新枝，

① 八宝花是我老家对"七姊妹"的俗称。七姊妹，学名 *Rosa multiflora* Thunb. var. *carnea* Thory，蔷薇科攀援灌木，花序呈松散的圆锥状，多花；花瓣粉红到深红，重瓣。

母亲觉得这样很好，所以之后再有侧芽长出来，就立刻剪掉，免得争了养分。八宝花就这么一天天静悄悄地长起来了，等到我真正注意它的时候，它已经上了墙头。

一注意到八宝花，我就要开始责怪学校教育了，看花看草的时间都被用来看白纸黑字和黑底白字了，没读几本好书，还近视了眼睛。有意思的是，"因祸得福"，因为近视，我休学半年，度过了一段与花草和小鸭子相伴的美好时光。

那半年，母亲给我买了四只嫩黄嫩黄的小鸭子，这样，我就一边养鸭子看花，一边优哉游哉地学习。我是春季学期休学的，也就是一段冬末到盛夏的时间。印象里，一切都很温暖，寒冬似乎早已过去。我不用上学，每天赖床，很是潇洒。我最爱光线满满的午后，淡红色阳光透过窗户打在墙上，刚好打亮母亲为我量身定制的学习计划表——一份很温馨的计划表，漂亮的字迹给出一个个轻松的任务。看会儿书，做些题目，趴在床边听母亲念英语。一切都是温热的。

或者掇一个小凳到院子里，倚着阳光。小鸭子们吃饱喝够玩累了，歪呀歪呀地踱到我脚边，脑袋一缩，身体一攒，球起来呼呼大睡。它们绒绒的毛蹭着我，很舒服很暖。

就在这个时候，八宝花不声不响地卯足劲儿要开放了！

每次都是在一个明媚的早晨，忽然发现，有那么几朵紫红色的鲜艳小花怯生生地开在墙头繁茂的绿色里！而我总要为这一季繁华的开始雀跃不已，那是怎样的惊喜呢！之后的每个早上都充满诗意——清亮的阳光，清新的空气，清澈的露水，清纯的花儿。一家人都很高兴，三条藤萝样的花枝互相缠绕扶持，一如彼此珍惜的我们。那时的我们不曾为它书写或吟唱，也许模糊地觉得，这样的美会久久相伴，日子还长着呢。书写本身总归带着些许遗憾和缅怀的味道。如今别了老房子好几年了，我总跟父亲说，你回老房子的时候要记得照看下八宝花啊。

报信的花朵是美丽热情的使者。藏族古老的故事里说，传达好消息的信使会采来野花编织成花环戴在头上，那几朵抢先开放的花儿，自己就是美丽的花环！花骨朵们忽然就跃跃欲试了，像中了神奇的魔法。她们密密匝匝、挤挤挨挨地攒动着小脑袋，迫不及待地想要盛开。几乎是约好了某一天，整个墙头上就开满了明亮的紫红色花朵！邻里乡亲走在大街上就看到我家墙头的繁花，直夸好看！

八宝花开放的时候，院子里热闹非凡。除了变声中叫唤的半大鸭子，除了那个闹腾的我，还有一大群蜜蜂拖家带口地日日拜访。在我的想象里，每一只蜜蜂都是一个勤劳美丽的仙女，它们系着花围裙，纤细的腰肢上缠个小花篮，小心翼翼地收集着花粉。小时候爱吃青媛牌的玉米糖，糖纸上画着一只提着罐子的小蜜蜂，所以在我的另一番想象里，它们还是蜜蜂，个个都提了只小罐儿，就像我和小伙伴挽着小篓上山挖野菜一样。

课本上说，蜜蜂会蜇人，所以我怕蜜蜂。八宝花引来的蜜蜂们从来没伤过人，她们只在黎明的金色晨光中，呼朋引伴地飞来，到黄昏心满意足地离去。那些被采了蜜的花儿开得更香甜了，晃动花冠在晚风中跳起舞来。

八宝花越长越开，长藤覆住院墙，又伸上平房西侧的石墙上，够到了尽头那株枝丫繁盛的仙人掌。末梢上的花朵，攀援了太久才生长和开放，花色显得淡淡的。

八宝花花期不长，春天来了就开始孕育，入夏没多久就凋谢了。那时候总会落雨，花期过去，清洗一番，淡粉的小花瓣铺了满地。和着清凉的雨水，叶子闪着花期过后墨绿的光泽。还未凋零的花朵参差地在雨里颤动着，低调地执守着花儿们最后的颜色。院墙下，湿漉漉的花瓣颜色浸得更浅了，让人想到楚楚可怜的黛玉。雨后晾衣服的铁丝上挂着雨滴，一枚一枚整齐地挨着，冷不丁迎风一颤，掉下去没声没息地跌碎了，然后一转眼，在原来的地方又长出来一颗一样儿的。遥遥地眯缝着眼睛看那一排雨滴，就忽然看到好多个墙头和好多株八宝花。这时，可能有燕子飞来，停在铁丝上梳理羽毛，走的时候借力一蹬，把那些珍珠样的水滴哗啦啦地震落，只好等一会儿才能再看神奇万花筒了。

花朵凋谢的时候，很多花柄也跟着一起落了，所以没机会显出红色的小果儿。那些还在藤上的花柄会结出红色的果子，我很好奇，希冀着它们像野草莓一样可以食用。我尝了一颗，不好吃。红果子最初内里湿润，成熟后再剥开，就变成干巴巴毛乎乎的了。

通常都是一场雨彻底结束了花期。花期过后，很多新枝拼命蹿高，像青春期的男孩子，愣头愣脑地笔直向上。等过了盛夏，秋天到来，为减轻八宝花的负担，让它安全舒服地度过冬半年，父亲会踩一个高凳，剪掉杂枝。那是项真正"棘手"的工程，杂枝满身尖刺，又多又盛。剪下的杂枝堆在院子里晒干，还能做燃料。

修剪后，八宝花开始长长地休养生息。等冬天来的时候，叶子就落尽了，只剩下光秃秃的杆干伏在墙头。三条互相缠绕的茎无比清晰地展露在眼前，我无比坚定地觉得，那就是我和爸妈。

冬季的村庄，静默得很。八宝花要睡会儿了，上个季节、上上个季节都太累了，它不需要再多的显耀和眼光了。而那个小小的我，也并不急切于它下一年的繁花似锦，因为我还想不到，下一个花季有多远？

（孙才真 2012 年 10 月于燕园）

平房

　　我要写的"平房"并不是相对楼房而言的单座房屋，而是方言里的"平房"，"房"字轻读，指的是北方乡下的一种特别的平屋顶。

　　我在乡下度过整个童年，果园、菜地、田野、山涧、水井、凶的和不凶的狗、蹲在墙根晒太阳的老人，还有平房，共同构成了我的童年记忆。平房几乎是家家必备的构造。村里房子的一般结构就是：红瓦或黑瓦的龙脊屋顶坐北朝南，东、南、西三面筑院墙，包围着正房、厢房、厨房、小院儿和茅厕，平房坐南朝北，架空在三面院墙上，南院墙正中开一对门扇。

　　一年四季，平房上都是热闹的。春天来了，人们要把上一年堆在平房上没来得及处理的苞米脱粒入仓。很多人家用机器脱粒，苞米不多的就直接手工剥。我家没多少地，苞米不多，很少用机器干活。爸妈总是用一根剥完粒的苞米棒子去剥另一根——一手持没剥的苞米，一手持剥完的棒子，把棒子像搓衣服一样在苞米上搓，金黄金黄的苞米粒就很快脱下来。我第一次学到这个方法时，觉得真是太神奇了！

我兴奋得用很大力，把小手磨得通红。脱下来的苞米粒，在平房上铺平，晒干，然后入仓，用来磨苞米面做苞米糊稀饭或者直接卖钱。

再暖和一点儿的时候，妈妈就要大扫除了。和小虫、老鼠抗争了一个冬天的粮食，还有些陈芝麻烂谷子，统统被妈妈搬到平房上摊成薄薄的一层，好让阳光杀杀菌，让鸟儿拣拣虫。好些小虫热得受不了，还没等鸟儿来，就自己爬去阴凉地方逃命了。我常常在豆子里看见胖胖的青虫，我最不怕这种虫，还会用手指逗引它们。

我家的平房可以算作两个，一个是最普通的矩形大平房，覆盖着整个储粮室、农具屋和柴房；另一个是高出普通大平房的小平房，大概两米见方，覆盖着因通风要求而加高窗子的厨房。小平房高出大平房一米，所以在很长的一段时间里，我都无法凭一己之力上去。加之那时胖得圆滚滚，直到身高超过小平房一截，我还是不能爬上去。记得表哥总是很快地爬上去，然后不无骄傲地对我说，你上不来，我能。

后来，也不知道多大的时候，我终于能爬上去了，每次站在上面往下看，都有种要摔下去的惶恐。一阵汗毛倒竖，赶紧坐回小平房中间。听大人说，曾经有人因为站在平房上往下泼水救火，一个没站稳，栽了下去，烧死了。这个传说给我留下了极深的印象，所以我很怕走到平房边缘。要知道多数人家的平房只有一圈侧倒的红砖包围，少数人家有雕花石栏，还常常松垮摇晃。小时候经常做一个梦：我坐在平房上，平房不停地左摇右晃，像跷跷板，像抓不住的海面。每次做这个梦都会被魇住，醒来时还心惊肉跳。然而梦归梦，我还是喜欢平房，忍不住一次次上去。

每个春天，很多很多燕子飞来乡下，或寻旧家，或筑新巢。燕子爱清静，爱整洁，爱乡土，还很长情。它们几乎年年在我家落户，常常站在晾衣绳上唱歌儿。有一年春天燕子又来了，正好妈妈刚把长了虫儿的杂粮晒到高高的小平房上。一大早，太阳脸颊红红的，我醒来走到小院儿里伸懒腰，蓦地看见有二十多只燕子在小平房上空盘旋！它们穿着礼服一样的衣裳，在旭日金红的光辉中轻盈地舞蹈，它们互相说笑，那话儿听起来暖洋洋的。我猜它们都是家长，正为自家嗷嗷待哺的宝宝挑选最好的虫虫早餐。燕子是那样深情的鸟儿。在我的记忆里，那个春天早晨的画面一次次放大，渐渐变成了百鸟飞翔的壮丽图景。在我后来一遍一遍对别人的述说中，燕子们更美丽了，听者忍不住对我说，哇，多么美的鸟儿！

到了夏天，麦子黄了，新一季的苞米也熟了，人们忙着割麦子、掰苞米。大家把麦子捆成捆儿，运到麦场，在那里将麦子脱粒，秸秆堆成麦垛，到处都散发着粮食天然的成熟的暖香。之后，家里的女人就用大圆簸箕淘洗新下的麦粒，把泥土、砂石和麦糠统统淘洗出去。洗好的麦粒，要搬到平房上晒干。我喜欢在平房上等着，老早把脚丫、手儿洗洗干净，等爸爸送麦粒上来，我就把湿润的麦粒摊成一片，像是新辟的一亩田地。新下的麦粒掩不住的香甜，温暖、厚实，让人嗅不够。闻着这香，就感到收获的美、劳动的美、生活的美，感到大自然的洁净、实在。麦粒晒到半干，就到了我最期待的环节——把麦粒犁出一道道沟来，这样麦粒就像地垄似的，能充分吸收阳光。犁麦子是艺术创作的大好时机，一双小脚丫常常画出各种各样好玩的图案。最常见的是中国吉祥图案长长久久回形纹，再就是同心圆，还有迂回的曲线，这样的图案能充分翻搅麦粒，而且兜兜转转走一趟就能犁完。我常常故意搞出离谱的图案，什么小鸭子啦五角星啦乱糟糟啦，麦子就晒不匀。夏天中午，日头很毒的时候，我也愿意去犁麦粒，它们垫起我的脚不让我烫伤，还在脚丫缝隙里钻来钻去，痒得我起鸡皮疙瘩。

到傍晚，把干了的麦粒收起来，没干的堆成一垛，用结实的塑料纸盖好，四周压上石头；晚上没雨的话就把木锨、簸箕什么的都压在麦堆上，省得第二天再拿农具上去。收起麦子来的平房就敞亮了，即便再晒些小辣椒、豆角之类也占不了多少地方。这时我就央爸妈到平房上吃晚饭。傍晚的平房温热，坐在上面舒服极了。我们先把小饭桌搬上平房，然后我在上面，爸爸在平房台阶上，妈妈在厨房，流水线作业把饭菜碗筷运到饭桌上，再拿俩蒲扇，开瓶小酒或沏壶好茶，一家人大快朵颐。深蓝的暮色，灿烂的晚霞，清凉的夏风，美味的饭菜，一切都好极了。

吃过晚饭，夜幕低垂。平房依然温温的，躺下来，看漫天星辰。我们仰望天空，一起从繁星中找出星座。我常常去看银河两岸的牛郎织女，想象着牛郎挑着担子，担子两头坐着一双儿女，眼前却是王母娘娘用银簪划成的银河，斩断了他们探望织女的路。故事有些悲伤又让人充满对一件未竟之事下文的期盼。这时候的天幕是黑天鹅绒，泛着丝质的光感，深邃，又轻盈。银河裹挟着亿万繁星，像柔软的丝带，闪闪颤动，向无边的远处潺潺伸展。

换做现在，我定会像来不及似地看星星，兴奋地不眨眼睛。但那时，我十分确信它们明晚还会出现，就像每周日早八点准时播出的动画片一样。很多个晚上，我都在平房上香甜地睡着，第二天早晨在炕上醒来，才知道前一天晚上爸妈小心翼翼地抱我下来。那个小小的、爸妈能抱得动的我多幸福啊，怪不得人们贪恋长不大的时光。

夏天总是过得很快，阳光眩几个角度，日子就梦一样地过去了。秋天比夏天更忙，花生熟了，大豆熟了，秋苞米也熟了。刨花生很辛苦，下镐深了撬不动，下镐浅了丢果子。遇上雨水多的年份，花生果外包着一层厚泥，运输起来格外重。人们把花生果从蔓上摔下来，再搬到平房上晒干、去土、剥仁。大豆也会搬到平房上，晒干后用棍子把豆子打出来。所以秋天的平房总有好多泥巴，找个坐的地方要清理半天。一辫子一辫子的秋苞米整齐地码在一侧，我总担心平房会塌下来。不过，平房，怎会经受不起秋收的重量呢？

秋天的平房太拥挤，我就很少上去了。直到豆子和花生入仓，第一场雪下来，我才拜会我的平房老友。第一场雪细细的，告诉人们冬天来咯。秋收留下来的尘土被雪水冲走，顺着水漏流进门前的菜园，平房变得干干净净。我开始盼望一场鹅毛大雪。过几日，大雪说来就来，厚到几天都不化。爸爸的平房除雪行动常常被我打断，这样我就能把一平房的雪据为己有。我把一半雪马马虎虎堆成雪人，另一半开辟成滑雪场。在平房上开辟滑雪场真是件很危险的事，一不小心哧溜一跤跌下去就得摔个鼻青脸肿。所以我的雪场很保守，四周留着很大的空当。

一年四季，平房都闲不着，就如那个小小的我。独自看门无聊的时候，被禁足想着"空中逃逸"的时候，想偷看外面发生什么事的时候，平房都是我的绝佳去处。我就是在那儿扯着简版风筝试飞——一根细线缠着一只纸蝴蝶拖拖拉拉，也是在那儿看墙头的仙人掌大朵大朵地开花，也是在那儿偷窥燕子巢中的小雏。在奶奶家平房台阶上，我兴高采烈地往上跑，却没踩稳磕掉了大门牙，丢掉了人生中最重要的两颗乳牙。童年、成长、平房，还真是这样交织在一起，有欢笑，有期盼，有疼痛，最后都化为长大后甜蜜的念想。

(孙才真 2013 年 1 月 13 日于燕园)

南方的岛：诗一组

元旦 (2015 年 1 月 1 日)

每天早上，我只能看到你打在西楼的光。

穿梭在楼群间，我努力向上，

我好想站上屋顶，

看看二零一五年你新的模样。

南方的岛 (2015 年 3 月 18 日)

走的时候

山桃花刚开满树

岛上

姹紫嫣红

却总

做不出梦

燕子 (2015 年 3 月 23 日)

燕子说话

一句老长

跟家乡燕子说的一模一样

亲爱的小精灵们

要准备旅行了吧

鸽子咕呜咕呜

隔着窄窄一条小巷

愣怔着 探望着

笑它们笨笨的

差点扑进我窗

白床单画着风

大手笔

晾衣棚啪啪响

风真好看

像张满的白色船帆

看晚霞 (2015 年 10 月 1 日)

平流层上看晚霞，美得像在海上。

海上看晚霞，美得不知道像什么。

茑萝与茉莉 （2015 年 10 月 25 日）

我猜是一个月前的播种有了结果

小茑突然就在那里了

Da bist du ja！

怯生生的，好像很好奇

"Hhhh…iii…小——茉？"

登伏波山 （2015 年 10 月 28 日）

我们上山去，

我们上山去，

正好，

云层映亮石阶。

翼龙飞过时间之窗，

化成蝙蝠，

迅忽不见。

远处江边，

升起一朵好美的烟花！

（孙才真）

过客

2013 年的夏天，7 月 12 日到 8 月 10 日，我完成了人生中的首攀，6525 米的新疆克孜色勒峰（公格尔四峰）。原本以为我此生都会对这次攀登记忆犹新、津津乐道，可是当我打算重温登山的一段视频时，却有点胆怯和心虚，或许是因为下一次出发遥遥无期。只登过一次山的人，根本不懂登山，更不懂山。

火车

算上在吐鲁番转车时等车的时间，从北京到喀什，一共 60 多个小时，差不多等于一门四学分的课程一学期的课时。我是跟着学校登山队一起去的。人一多，不愁会无聊，可以打牌、可以清谈，连吃东西都变得有趣，有人将大大的西瓜切成两半，用勺子舀完瓜瓤，顺手往头上一扣，消暑利器。因为是硬座，每个人都坐着睡的话，睡眠质量肯定大打折扣，为了保证休息、积蓄体力，我们在座位底下铺上地席，一部分人在座位上躺卧，另一部分人钻到座位底下睡。这样的经历以后恐怕很难再有了，说不定会比再去登山的可能性还小。

喀什

喀什是我们进山前途经的最后一座城市，所有物资都要在这里备齐。

喀什城的外观已经和别的城市没有什么不同，商场、超市、摩天轮、充斥着川菜火锅的小吃街，甚至菜市场的蔬菜都和北京西苑早市的一样。（我身在喀什的时候，西苑早市还在，当我回忆喀什的时候，西苑早市已经荡然无存；而曾经，我们每次出野外之前，都会在那里采购满满几大登山包的后勤物资。）

但仔细观察，还是能发现喀什的别样风情。

仍然用北京时间的喀什，晚上十点还没天黑，这让我觉得很新鲜，也第一次非常强烈地感受到时间是个多么人为的东西。

行道树是我听说过无数次却从未见过的桑科无花果。沿街随处可见售卖无花果的小贩，形状似洋葱，外表面的质感总让我想起玉米的外衣。同伴买来尝，说味道平淡无奇，为了保留对无花果的美好想象，我忍住没吃。

女人们都戴着漂亮的头巾，于是我一心想着也要买一块，但后来到商铺看到那琳琅满目的头巾，却并未觉得特别，想是人美，而非头巾美吧。

这里有全国最大的清真寺艾提尕尔清真寺，我们去了三次才得以进去，因为前两次去时恰逢礼拜，不对非穆斯林开放。进去后，看到做礼拜的地方空空荡荡的，但从地上铺得满满的垫子，可以想见做礼拜时的热闹。

高台民居则在这座现代化的城市中心顽强屹立着。这在城市改造中幸存下来的古老民居，让人深切感受到各民族的差异之美。高台民居有上千年的历史，全都是由黄土垒成。我们很幸运地住在老城区边上，某全国连锁的酒店尽量将外观装修得与老街风格一致，倒是非常令人赏心悦目。行走在老街，周围都是高鼻梁、深眼窝，觉得自己是个异类。

酒店外拐角处有个卖羊肉串的小店，普通的路边摊，经过时顺便买了点，是我吃过的最好吃的烤羊肉串，而且不必担心肉的品质。同样好吃的还有大盘鸡拌面和牛肉面。一桶一升的酸奶，转眼间就能被

高台民居 张墨含摄

大家抢完。我想或许有一天我会因为太想念那一桶酸奶而再次回到喀什。吐鲁番盆地日照时间长，昼夜温差大，的确盛产瓜果，但到了喀什似乎差了点儿。葡萄该酸还是很酸，不知道究竟是不是本地所产。西瓜倒是很多，但不知为何，也没有预期之中那么甜。哈密瓜倒是很好。碰巧酒店外的水果摊到了一车西瓜，三个小伙儿卸货，把西瓜当成篮球一样抛传，看得人心头一紧。

"巴扎"在维吾尔语中是集市的意思，喀什的大巴扎人潮涌动。在这里可以找到喀什女人用以妆扮自己的头巾，当地人习惯使用的各式各样的地毯，还有比较有特色的毡帽和刀具。随处可见硕大的和田大枣，晒干之后很硬，牙口不好的恐怕无福消受。还有一种叫"雪菊"的植物，据说有降压奇效，我也跟风买了两罐。回来之后看了刘夙老师的《植物名字的故事》，得知这种被标榜为雪域高原神奇植物的"雪菊"其实是"两色金鸡菊"，只得感叹出门前功课没做好，上了没文化的当。大巴扎里赫然出现的旅游鞋，让人感觉一下子从喀什的大巴扎穿越回了北京五道口小商品市场，也让人立刻联想到出现在北京鸟巢、江西婺源、四川九寨沟、海南三亚的没有任何区别的被叫做"旅游纪念品"的东西，它们的生产地可能无一例外都是浙江、广东或者别的什么地方的某个工厂。现代化的生活方式正在侵入各个角落，随之而来的是千篇一律、千城一面。

去喀什前刚发生了一些暴力事件，在吐鲁番转车时，我在火车站第一次亲眼看见了通缉令。因为这些客观原因，我们尽量保持低调，没有在喀什停留很久，也没有更深入地了解这个城市，尤其是没有和当地人好好聊聊，非常遗憾。

卡拉库里湖

进山前的最后一站是卡拉库里湖，作为一个旅游景点，这里显得有些简陋。我们是为数不多的游客之一。将物资从卡车上卸下来，搬到不远处的毡房里——海拔 3000 多米，加上稍稍过量的活动，头微微有些疼。这样的高原反应体验一直持续了好几天。毡房旁边的水泥阶梯通向一个简易的餐厅，餐厅的工作人员几乎都是汉人。离餐厅不远处是几顶住宿的毡房，毡房的门用铁丝勉强扣上，就算是关门了。傍晚开始呼呼地刮风，气温骤降，离七月炎热的喀什已经很远了。四面砖墙一围就是厕所，夜晚如厕，抬头便能看见满天星斗。

卡拉库里湖是高山冰碛湖，"卡拉库里"意为"黑海"。但在我的印象中，湖水却是深蓝色的。周围的雪山倒映在湖中，让本来普通的湖泊变得独特。湖对岸的冰川之父——慕士塔格峰——也格外引人注目。

借着慕士塔格峰和卡拉库里湖的组合作背景，队友们在湖边拍照、散步、聊天，身影在夕阳里拉得长长的。

短暂地适应一天。

进山

从卡拉库里湖到建本营的地方需要徒步，物资只能靠驼队运输。

一早，驼工赶着 20 头骆驼来到毡房前装物资，驼队速度比较快，所以大部队先行出发。走在卡湖岸边的草原上，空气清新、气温适宜。没走多远，看到了当地人的羊群，年轻的妈妈带着一个孩子面无表情地看着我们，很快转身带着孩子走远。翻过一个小小的土坡，植被开始变少，地上都是粗粗的沙粒、沙块。到了吃午饭的时间，随手塞了点食物到嘴里，难以下咽。太阳炙烤着大地，远处的景物开始在热浪中晃动。驼队已经追上来了，骆驼嚼东西时，除了上下咬合，它的嘴唇还左右错开，很有趣。骆驼发起脾气来也很可怕，后腿劲很大，能毫不费力踢死一个成人，所以除了熟悉骆驼习性的驼工，其他人都不敢靠近。在我们从一个小山包下到主路时，一头骆驼跪在地上不肯动，驼工用力拽、拼命喊，它才艰难地站起来，还生气地吐了口水。

途中路过了一座水泥厂，那轰轰隆隆的机器让本已炎热的天气更加酷热难忍。辽阔无边的戈壁上还有几条狗在游荡。偶尔有当地人骑着摩托车经过，扬起尘土。老队员为了尽快确定大本营的位置，搭了一段车，当然是要付钱的。

就在水都要喝完的时候，出现了一条河，河里水草丰美，河水清澈见底，捧起来洗把脸，终于感到一丝凉意。沿河往上走出现了一些大石头，碰到一个没有找到本营位置的队友，他已经在大石头上睡了一个多小时。待到后勤队长来接应时，才发现原来绕过乱石堆就到了本营，离他睡觉的地方不过数百米。不过此后他倒常常一个人在本营帐外的某块石头上睡觉。

茫茫进山路 张墨含摄

本营

本营海拔4300米,建在了小河边,这里植被很差,水中还没有水草,所以水很浑浊,用河水煮饭、洗碗满是沙子。因为是冰川融水,水温很低,尤其是早晚,冰冷刺骨,但也因此成为天然的冰箱,在水浅的河床处挖一个坑,将肉装在泡沫箱里放入水中,可以减慢肉的腐败。这些肉早些时候已经全部用盐腌好,也是为了防腐。

横亘在本营和山峰之间的河成为攀登的第一个麻烦。一开始是在河两岸架绳过河的,但后来考虑到早上蹚水过河太耗费精力,而下撤时都是下午,白天气温高,冰川融化,水位看涨不说,水的流速也更快,体重较轻的女队员很可能就被冲走,光是架绳效果并不好;因此后上山的队友带了铝合金梯子,比直接蹚水要好,但稍不留神也有掉进河里的危险。

河水太浑浊不能饮用,只能溯河而上寻找干净的水源,踏着乱石到河的上游,有一条支流水质略好一些,用长长的软管将水从对岸接过来,才省了渡河取水的麻烦,但每次用水也颇费事。不过也托取水的福,看到了河边漂亮的植物。

本营一共搭起三顶帐篷,最大的本营帐是住宿、开会的地方,中间是后勤帐,鸡蛋、蔬果都屯在这里,烧水做饭也都在这里,还有一个装备帐,顾名思义,登山用的装备都安置在此,此外还有干粮和一些杂物。

蔬菜叶非常脆弱,尽管在喀什的市场,我们仔细将有叶蔬菜譬如白菜、芹菜等分成一小捆一小捆用草纸包上,再装到泡沫盒中,但经过长途运输，尤其是骆驼运输的颠簸，菜叶几乎全军覆没，腐烂之后变成黑褐色，散发出阵阵恶臭。所以首要任务便是将这部分坏掉的蔬菜择出来。

诸如做饭、洗碗这类事情都是全队轮流做的。后勤帐里不知道从哪天起，多了一些不速之客——苍蝇。高原上的苍蝇个头是平地上苍蝇的好几倍，趴在帐篷壁，停在案板上，飞舞在空中，一开始特别恼人，慢慢也就习惯了它们的存在，偶尔一只苍蝇不小心掉进锅里，捞出来扔进垃圾桶，菜还是照旧吃的，而且顿顿被一抢而光。

进山的路上就能看到茫茫戈壁上有好些洞，本营周围也有，那是旱獭打的洞。有老队员提醒我们不要碰旱獭，因为可能携带有病菌。而我认为，作为外来者，我们的到来本来就是打扰了这里的山、水、动物、植物，怎么还敢过多地冒犯它们。队伍请的三位川籍教练却百无禁忌，设套抓旱獭，幸而被我们劝阻放掉。

在本营，我们会有一些集体活动，在娱乐放松的同时增进队伍的感情，培养与同伴之间的默契。在荒野中互相陪伴、互相鼓励。更难得的是，每个人都有自己独处的时间和方式，看书、写日记、漫无目的地游荡在旷野中、找到一块石头睡上一觉，哪怕是发呆。

邻近的慕士塔格峰是一座商业开发比较早、比较充分的山峰，那里已经建起了信号站，所以偶尔能飘过来一丝信号，捕捉到之后给外界报平安似乎义不容辞。但也因此不能完全地与世隔绝，颇有些遗憾。

本营之上，雪线之下

根据个人的身体状况和能力，队伍分成了三组。我所在的组最后出发。第一次上山，刚出本营准备过河，一名队友不慎滑倒，河底的石头还没有被流水磨去棱角，于是队医将他带回营帐处理伤口。

渡过河，要沿着一个大陡坡向上爬升，可以通过走"之"字路线减小攀登难度，幸而脚下是绿色的草甸，高山点地梅散落在草甸，行走其间心旷神怡，整个人都轻盈了起来。但是越往上，地面越是裸露，最后全都是乱石，堆积起来的石头有时并不稳，走的时候每一步都力求踩稳。高原的阳光依旧毒辣，只有通过不断调整衣物和饮水来尽量保持身体的舒适。

翻过 4500 米的一个垭口，出现了一片紫色报春花科植物，让严肃的山峰有了温柔的一面。继续向上还有三个连续的坡，这片紫色也

没有鉴定出来的一种报春花科植物 吴涛摄

成为一个地标，尤其是下撤的时候，看到它们就知道行程已经过去一半。而看到一簇簇的高山点地梅，就知道本营就在不远处。

上了雪线之后需要穿戴一些有利于在雪上行走的装备，但如果每次都背着这些装备上下本营，会增加负重，消耗体能，所以在海拔5200米的雪线附近建立"换鞋处"，搭建起两顶帐篷，用于临时存放装备。

在这条碎石坡上，每个人至少都上上下下了四五趟，而第一趟的适应性行走大概是整个攀登过程中最痛苦的一天，除了少数适应得极快、几乎没有高原反应的队员，大多数人都有不同程度的头痛、恶心等感觉。在高原上头痛起来就像有人在念紧箍咒，间歇性地收紧，每走动一下甚至转个头，脑袋都颠得疼。我在某个坡的小平台上停下来休息，跟在我后面上来的队友则直接躺倒在地，大口喘气，着实令人担心，好在并无大碍。有人下山后发现脚指甲变得乌黑，回家后慢慢就脱落了，大半是碎石坡的功劳。

无尽的碎石坡常常让人感到无聊，却给了人机会去想一些平时不会想的事情。不过，实际上大多数时候脑子是空空的，回想起来，这种感觉倒是很好，那种空空的状态持续久了就接近专注，专注在行走上。有时盯着自己的脚尖数着脚步走，数着数着又数乱了，从头开始。有时观察脚下石头的形状。有时抬头看看前方队友的身影，默默跟随……

碎石坡带来的最大惊喜，莫过于一次下撤途中，一回头，远远看见自己走过的山脊线上出现了几只岩羊，不知道是从哪里蹿上来的，在山脊上停留了片刻，又飞快地消失在碎石坡上。

白色的世界

雪线之上是经年不化的皑皑白雪。我们真正行走在这个纯白世界的日子不过短短四天。

在海拔 5200 米的地方建立了第一个高山营地，即 C1。高山营地有专用的高山帐，帐外冰天雪地，虽阳光强烈，依然冻得人瑟瑟发抖。帐内却十分暖和，甚至是燥热，可以只穿一件短袖。

到 C1 之前有个距离不长但有点陡的坡，可能是海拔不太高坡度又大的缘故，上面并没有积雪，而是松软的细沙，走起来尤其费劲，几乎是上升三步下滑两步。当你卯足了劲攀登，却踏上那疏松的泥土，被卸掉一大半的力气，就跟一拳打在了棉花上似的，非常令人泄气。

离 C1 不远的地方就有冰裂缝。克孜色勒峰遍布裂缝，或明或暗，先锋的队员们在探路时如果发现暗裂缝，会将覆盖在裂缝上的雪挖开，

C1 营地 张墨含摄

雪山　张墨含摄

露出裂缝，以提醒后面的队员绕行，否则有掉裂缝的危险。这些裂缝也昭示着要攀登这座山并不容易。

　　克孜色勒所在的这片区域是雪崩区，在 C1 时，偶尔能听到旁边的公格尔九别峰传来巨大的轰鸣声，有可能是雪崩，也有可能是岩崩。克孜色勒峰算是其中比较稳定的山峰，没有雪崩隐患。

　　从 C1 前往海拔 6100 米的 C2，还没走到路程的三分之一，天降暴风雪，能见度不足十米，被迫撤回 C1，缩进帐篷，等待先行出发、走得更远的队友撤回来，再一同撤回本营。高山帐将风雪挡在了外面，暂且提供了一个安稳的处所，旁边还有队友陪伴，并不觉得慌乱。但就在同一时间，走在前面探路的队友却经历着我无法想象的困难，海拔更高的地方风雪更大，空中产生的静电会让人皮肤发麻。前面的道路是什么情况没有人知道。后来听探路的队友说，顶峰之前的一大片区域，将一米多的登山杖插进雪中，连同整个手臂一起伸进去，仍然感受不到底层坚固的硬雪，走在上面会觉得脚下空空的，为了减小压强，都只能匍匐着往回撤。暴风雪让人迷失方向，还算幸运的是，有人找到了被大雪掩埋、只露出雪面一小段的路线绳，这路线绳是他们早前就设好的，拽着路绳才安全地回到了营地。而那一片至今也不清楚雪下是什么情况的路段，将所有人阻隔在了海拔 6200 米的地方，只能远远地望着顶峰，以及顶峰之前的巨大裂缝。

　　这座山峰有过登顶记录。对比前人留下的资料会发现，山体已经发生了很大变化，许多以前有积雪的地方现在已融化了，没有裂缝的地方露出了裂缝。有队友在几年前攀登过考斯库拉克峰，同样是一座新疆的山，同样遍布裂缝，情形似乎与克孜色勒很相近。主体的攀登活动结束后，几名队员又去了邻近的"6220"进行山峰侦查，希望能为以后的攀登开辟新的山峰资源，那里也是从山脚下就有大大小小的冰裂缝。大概南疆的这片雪山就是如此。不由地让人联想到近年来气候的变化，或许多少有些关系吧。

　　放弃冲顶前，所有人都表达过自己的意愿，大家的冲顶欲望都不是那么强烈，包括我自己，我到最后更多的还是出于安全的考虑。时隔两年，我仍然不觉得在当时那种对环境完全未知、没有把握的情况下应该去冒险。遗憾的是，虽然我们总说攀登的过程是最重要的，这一点我赞同，但我想，要不要冲顶却决定了对过程的不同体验，整个人的心理状况、身体的感受恐怕都会不太一样。没有了强烈的登顶意愿，就没了拼尽全力的感觉。也许幸运的是，这样可以不用体会登顶之后的落寞，因为登顶了，对这座山就没了更多的想象。而现在，这座我没有登顶的山成了我永远的牵挂。走到裂缝区边缘和多上升三百米到达顶峰，我猜想那感觉也是差不多的。就像攀岩，其实最后登顶的那一下并没有想象的那么激动，反倒是攀爬过程中，那些总也过不去的点和自己反复的失败再尝试记得最清楚。而即便登顶了，对于走在队伍后面的人来说，似乎也差了点什么，因为没有体会过面对未知的不确定性，没有从无到有开辟过一条路。就像解题，自己解出来的喜悦显然远大于别人告诉你思路甚至直接告诉你答案。

没能冲顶，在海拔6100米的地方住了一晚后，这次登山就算是结束了。在6100米的地方，听着同一个帐篷的队友因为高反头痛、呼吸不畅呻吟了一整晚。一早起来，迅速地撤营，垃圾也都悉数带走，可能用不了几天，我们的痕迹就会被风雪覆盖，就像我们没有来过一样。

只有极少数人有能力、有信念将登山当成职业。大多数人只不过是在丰富人生经历，或者培养一种可以让人跳出日常生活羁绊的兴趣，所以登山对于大多数人来说只能是一种非常态，起码对于只登过一次雪山的我是这样。也正因为如此，在山里也会怀念自己熟悉的生活，比如半个多月没有洗澡，回到喀什第一件事情就是洗澡。实际上，在从山上回来之后的很长一段时间内，我的感受是，非常态的生活让我

冰塔林攀冰，攀冰的那个是本文作者　张墨含摄

更加珍惜日常生活。但是又过了很久，我发现陷在日常生活的泥沼中太久，就又想要出走。但是这种在对立的两面中摇摆只说明，登山、户外还没有成为我日常的一部分，还不像吃饭睡觉工作那么自然。

　　现在，我更愿意努力找寻日常生活的意义，同时甘愿在诗意的远方做个用心的过客；而不是在被生活碾压时将远方当成逃避的工具，更不是在颠沛流离中丧失对远方的向往。

（余梦婷）

博物行记

尼泊尔之行

缘起

"本来寒假有好几个想去的地方……但后来还是决定去尼泊尔。综合考虑了一下：在拉萨中转，可以看西藏的冬天；之前一直想去尼泊尔，还买了一本十分流行的旅行指南，《孤独星球》（*Lonely Planet*）；徒步旅行的天堂么，可以体验一下户外；也是佛教圣地，悉达多太子的出生地啊！和印度接壤，算是离印度又近了些。还有《无死的金刚心》中的尼泊尔女神呢[①]！

"一想到是去朝圣，就有了些精神力量，也有了方向，不再是莫名其妙的随处走走。"（2015 年 1 月 18 日的日记）

从北京到拉萨

"行云流水一孤僧，天地独行任逍遥。"[②]

1 月 28 日晚上乘 Z21 次火车去往拉萨，行程四十多个小时。第一次坐火车入藏，路上听印能法师的梵呗，一遍又一遍。看窗外转瞬

---

① 在雪漠所著的《无死的金刚心》中，雪域玄奘琼波浪觉踏上去往印度的求法之旅，首先在尼泊尔拜师学习梵语，结识退位的库玛丽女神，并与之相恋，这段感情在他离开尼泊尔去往印度之后很长一段时间里都萦绕着他。这也是书中的一个重要主题。

② 出自印能法师演唱的梵呗《孤僧》。

即逝的风景，更真切地感受到，人生即是一场旅途。在快要到达那曲站时有些高原反应，恶心头晕，不过很快就好了。

"在经殿里听见你听见你，诵经的真言；摇动所有经筒只为触摸，触摸你指尖。

"何必执着见与不见，一切皆因缘。就让我们静下来一起，摩诃般若波罗蜜。"①

1月底是拉萨的旅游淡季，游客很少，于是我想当然地以为这座城市会展现出安静的一面，结果我错了。老城区的主要街道十分喧闹、拥堵，沿街的店铺开着扩音器甩卖。临近藏历新年，周边很多藏民都来朝拜、购买年货。他们往往举家带口，上岁数的阿爸阿妈，在襁褓中的婴儿都一同来了。

我在拉萨待得最多的地方是"天堂时光旅行书店"。店主老潘在纳木错支教过一年，对西藏充满感情。店内主打的原创明信片和书签采用的素材都来自老潘（或者他朋友）的摄影作品，上面还有摘自老潘博客的充满哲理的文字。在圣城拉萨，挑选几张寄给远方的朋友、家人或者自己，也许会是文艺青年最值得回忆的事情。店里循环播放着尼泊尔觉姆②琼英·卓玛唱的梵呗，在喧嚣的朵森格路上开辟出一小块安静的空间。这座书店旁又开了个一体化的客栈，与书店直通，十分方便。店内有好几张藏式的桌椅，可以免费看书。还有帅气的藏族小哥店长，眼睛亮亮的，笑容十分温暖。淡季书店人很少，偶尔有寄明信片的驴友，我就待在里面看书，一直到十点店长小哥打烊回家。

---

① 出自印能法师演唱的梵呗《见与不见》。

② 觉姆是藏族对女性出家人的称呼。

冬天没有暖气比较冷，但是白天拉萨的阳光却充满了治愈的力量。晚上爬到屋顶上看夜景，月亮很圆，还有星星环绕，美极了。布达拉宫被灯光打亮，在黑暗中放着白光。

休息一晚，早上八点多天刚亮不久，我步行去往大昭寺。八廓街已经有很多藏民在转经了，还有人在磕长头，三步一拜。我也拿出念珠，念完二十一遍百字明，接着念六字大明咒，走了三圈。看着周围朝拜的人们，我却突然感到，这些"虔诚"的行为，也只是表象，而真正的修行是在内心。也许我不应该太看重这些形式（当然，如果这些形式能够激发一个人的虔敬之心，也是十分有益的）。

藏民在大昭寺入口处排起了长队，看不到队尾。他们就这样静静地等着。整个八廓街的人口密集程度极高。虽拥挤却不至于混乱，等待却不至于焦躁。朝圣毕竟不同于逛庙会。我本是想去大昭寺看觉沃佛的。上次去拉萨时没有进去，想将来还有机会到拉萨的吧。可是看到这么多人在排队，还是放弃了，虽然本可以作为游客买票进入，那样就不用排队了。

"布达拉"出现在很多藏语歌曲中，那是藏族心中神圣的象征，是他们歌颂的主题。上次去拉萨正值旅游旺季，买票需要提前预约，据说为了约上第二天的票需要夜里在这儿排队。不想排队的话，就只能把身份证给别人代排预约或者参加旅行社的项目。所以我就没进去。

淡季的布达拉宫游客十分稀少，基本上都是去朝拜的藏民。他们围绕着布达拉宫，一圈一圈地转经。临街的商铺开着高音喇叭，推销各种门帘、经幡、酥油、奶渣。淡季门票从两百降到一百。藏民只要交一元钱就可以进入。走进主殿之前,需要爬一段路,就是从远处看到的雪白墙壁之上的阶梯。宫殿内部也有很多陡峭的楼梯,上岁数的阿爸阿妈颤颤巍巍地行走于其上,有的还拉着小孙儿(女)。襁褓中的婴儿被大人背在身后从小就来接受熏陶。我混迹于藏民之中,经过那些有几百年历史的塑像、灵塔、坛城,还有六世达赖仓央嘉措的寝宫。这里曾是历代达赖喇嘛的冬宫、前藏的行政中心,可如今已经变成了历史景点,供人们参观(对汉族、外国游客来说是参观,对藏民来说是朝圣),也是无常。

出来后,到附近的酸奶坊坐坐,喝了一杯生姜红糖水。淡季十分冷清,里面的半间甚至都没开灯。墙上贴满火车票、飞机票,有最近的日期,也有几个月、几年前的。翻开留言簿,看看驴友们的涂鸦,十分有趣。来到圣城拉萨,很多人都感受到一种神秘的吸引力;又或者正是受到内心的召唤,人们才会冒着高原反应的危险来到这里。然而我们都只是过客,在这里短暂地停留,回去之后,内心的神圣是否依旧?

从酸奶坊出来,穿过广场,心情还不错。天很蓝,阳光很好,藏民看起来都很安详!这倒是个放松的好地方,很多老人、中年人、年轻人、孩子,都在晒太阳、嬉戏。还有些人在做大礼拜。对面即是美丽的布达拉,想到过去、现在、未来,有多少人以布达拉为背景拍照。一切都是无常。明天就走了,有点舍不得,但又有什么可以贪着呢……

从拉萨到加德满都

2月3日的下午，我从尼泊尔领事馆①拿到签证后，直接和那里碰到的几个驴友拼车去往中尼边境樟木镇。坐了大约16个小时的车，经历了六七次停车登记身份证、护照，还有翻包检查两次。那晚的月亮很圆很亮，还伴着很多星星。深夜，在月光的照耀下，看到窗外一片连绵不断的雪山，十分壮丽。后来，天快亮时，又驶入雪山之中，由于刚下过雪，路很滑，车开得极慢。大自然的永恒静谧向我袭来。

杜巴广场中的神像

---

① 拉萨有尼泊尔领事馆，可以办签证。我在拉萨办，周一上午提交申请，周二下午四点拿到签证。

杜巴广场

　　从樟木到加德满都，继续拼车。行驶不久，我看到路旁的农田已经绿意盎然，这和西藏那侧冰天雪地的景象完全不同。五六个小时后，司机直接把我们拉到了加德满都游客聚集的泰美尔区。这个城市给我的第一印象是交通拥堵，空气污浊。游客集中的泰美尔区更是热闹非凡。然而作为城市的加德满都也向我展示了一些不平凡之处。

　　第二天一早起来，我拿着旅行指南，还有出门必带的指南针，步行前往杜巴广场。在沿街的店铺尚未开门之前，街道两旁已铺满了贩卖各种蔬菜、粮食、香料、鲜花贡品等的地摊。这就是他们的早市吧！

我看到那些新鲜的蔬菜闪着亮光，心中十分欢喜，可惜没地方做饭，否则多想买上些土豆、胡萝卜啊……除了粮食蔬菜，早市上还贩卖穿成一串串的橘黄色的小花，十分灿烂夺目，那是献给神的贡品。

在杜巴广场，我感觉到，神并非高高在上遥不可及，宗教仪式也并非一定要那么一本正经严肃古板。人们真诚地向神祈祷，献上贡品，这是他们生活的一部分，自然而毫无造作。拥有很多神庙的杜巴广场整体被评定为世界文化遗产，具有好几百年的历史。但是人们竟也可以拿张报纸，坐在神庙宽阔的台阶上晒太阳。于是我走累了，也爬上神庙的台阶，坐在上面看书、看路人。也许在尼泊尔，神的存在就是要为人服务的吧……

第三天去了猴庙。那也是《孤独星球》上的推荐。猴庙是个藏传佛教寺庙，拥有一个美丽的佛塔，上面有尼泊尔标志性的佛眼。另外，猴庙也以无数居住在这里的猴子而闻名。我是从泰美尔区步行过去的，在尘土飞扬的街道上走，路上有上学的小学生，穿着整齐的制服，他们对各路游客应该已经见怪不怪了。

转了几圈转经筒之后，找个地方坐下来休息，感到这样的游览有些无聊。于是拿出速写本和铅笔，打算将美丽的佛塔画下来。这也引来了一些路人的好奇，他们在转经途中停下来看我画的是什么。有两个路过的小学生看了半天，我还给他们看了本子前面的几张，包括在拉萨书店里临摹的图案，引得一阵赞叹。其实没什么技术难度，主要考验的是耐心。

猴庙佛塔及其速写对比图

博德纳大佛塔

通过素描猴庙佛塔，我发现这与《孤独星球》封皮上那个佛塔并非同一个！封皮上是博德纳大佛塔，顶部十三级阶梯的横截面是正方形，而猴庙佛塔则是圆形。也许通过素描，手眼相互配合，可以使我们对事物进行更加细致的观察。相对而言，匆匆地用相机去捕捉，则会忽略很多细节。

博卡拉小环线徒步

加德满都毕竟是座城市，城市的喧嚣无法熄灭内心的烦躁。况且时间有限，我此行的重要主题还没有开始。于是2月7日早上就坐大巴前往博卡拉了。

在博卡拉，游客一般都住在湖滨区。街上各种商铺、饭馆、旅馆林立，充满着购物的诱惑。在旅馆隔壁的小饭馆吃了好几餐，一顿饭加上奶茶不到十元人民币，里面经常只有我一个人。每次都是店里十几岁的小女孩来帮我点餐、端盘子，笑起来十分腼腆。店里挂的纸灯也很漂亮。我在日记中写道：

"在路上也经常问自己这个问题：我到底干什么来了？想要找到平衡的生活，想要找到内心的平静。可是 wanting this, wanting that（想要这个，想要那个）.难道这不都是赤裸裸的欲望么。这些东西真的能让我更快乐、更幸福、更圆满么？想想那些修行人、成就者，他们过着多么简朴的生活（例如米勒日巴，他什么都没有，连盐巴都没有），还有整日辛勤劳动的人们，衣食也都很简单。就是因为我们永不满足，对物质的欲望不断膨胀，所以地球才如此不堪重负。"

我的目标很明确，甘杜克小环线徒步游。第二天办好入山证，第三天早上八点出发，先坐出租到巴士车站，再乘当地巴士去往甘杜克小环线的起点 Nayapul，行程共计两个小时。

把几件不用的衣服和几本书寄存在旅馆里，我背着一个大包上路。尼泊尔拥有好几条热门的路线，路标清晰，旅馆很多。而我选择的甘杜克小环线是入门级别的，海拔低，沿途补给充分，计划轻松地走五天，时间也不算长。之前我已经查到详细的攻略，一个人进山，应该没问题。

徒步路上从地上捡的杜鹃花

小环线徒步路上

甘杜克小环线沿途景色多变。时而进入深山老林，与粗壮的老树、清冽的瀑布溪流擦肩而过。时而穿过遍布梯田的村落，时而有壮丽的雪山相伴。而植被丰富的树林中还有被彩色经幡围起的区域，猜想会不会是当地人举行集会的圣地。

"走在喜马拉雅群山之间，孤身一人，寂静之时，仿佛从亘古的洪荒，走向遥远的未来。久远以前，这里没有餐馆、客栈，没有游客，没有蓬勃的旅游业；多年以后，这些也不会永存，这些都会消失。"（摘自 2 月 10 日的日记）

包是越走越沉的，里面还塞着几本书，包括《雪豹》，中文版的副标题是"心灵朝圣之旅"。作者彼得·马修森于 1973 年和动物学家乔治·夏勒一起在尼泊尔境内喜马拉雅山区徒步行走，研究喜马拉雅蓝羊，还希望有机会见到雪豹。作者本人也是个禅宗修行者。而我身处的安纳普尔纳保护区也是他们四十年前所穿越的区域。只是那时还没有旅游业，没有络绎不绝的各国驴友、向导和挑夫，没有那么多提供住宿和餐饮的客栈。但即便今天蓬勃的旅游业也会有消失的一天吧，毕竟所有这些都是无常。总之，他们四十年前来到尼泊尔山区，这里还是处于更加古朴、未开发的状态。彼得·马修森的叙述直率而坦诚，他对于"神秘体验"的描述让我在借宿的小木屋中兴奋不已。不仅有旅途中的见闻感触，还穿插着他个人的生活经历，与得癌症去世的妻子之间的纠葛。走在尼泊尔山区，能够带着这样一本书，真是有趣，感谢《孤独星球》的推荐。

对于他们请的夏尔巴族高山向导，作者有这样动人的描述：

"夏尔巴向导们一心想要自己派上用场，但却不坚持，更不愿奴颜婢膝；既然他们拿钱为人服务，何不尽量做好呢？'先生！我来洗泥巴！'这个我来拿，先生！'正如夏勒所说的：'情况不顺利的时候，他们会先照顾你。'但他们的尊严不可侵犯，因为他们是为服务而服务，服膺的是工作本身而不是雇主。身为佛教徒，他们知道做事本身比收获酬劳更重要，能这样无私地服务就是自由。由于他们信奉'业'，也就是佛教和印度教的因果报应原则（这方面基督教也有'要怎么收获先怎么栽'的观念），所以他们宽容、不批判，深知行恶自有报应，无须受害人插手。夏尔巴高山向导们慷慨大度的人生观，快快活活不设防的态度，即使在纯朴未开化的民族间也不多见，除了爱斯基摩人，我以前从来没碰到过。"①

马修森向夏勒介绍佛教和禅宗，但是"夏勒不相信西方的心灵真的能吸收非直线思考的东方观念。他跟许多西方人一样，认为东方思想规避'现实'，因此缺乏生存的勇气。"对此，马修森认为"至少禅宗要求此时此刻勇敢生存——吃的时候吃，睡的时候睡——而非寄望来生。禅宗强调觉悟的体验（称为'见性'或'觉'），有别于其他宗教或哲学，而没耐心搞'神秘主义'，更别说玄秘仪式了。"②

"我提醒夏勒，基督教也有艾克哈特大师、圣方济、圣奥古斯丁和静默沉思三年的'西恩那城（Siena）圣者'凯瑟琳等神秘主义者。圣凯瑟琳说：'天堂之道一路都是天堂。'而这也正是禅的精义，禅强调'佛

---

① 彼得·马修森 著，宋碧云 译，《雪豹》，海南出版社，2009 年 7 月。第 26、27 页。
② 同上，第 57 页。

法不离世间觉'。"①

在回顾了西方思想中也曾有过的整体宇宙观之后，他悲叹科学革命使得西方民族变成了新的野蛮人，"后来几乎在每一个地方，使人活得恢弘、死得平静的一种微妙的精神启迪，都在科技的冷目下被淹没了。但那种光明见识就像正午的星星，永远存在。人若想超越对'无意识'的恐惧，就必须理解那种光明见识，因为再多的'进步'也取代不了它，我们像贪婪的猴子，弄巧成拙，所以现在我们心中充满了恐惧。"②

2月11日，在Ghorepani过夜，我几乎是一个人住在小木屋的三层……招呼我的店主姑娘英语不太好，但很热情，所以我还比较放心。晚饭点了披萨，看她在古朴的厨房中捣鼓捣鼓不一会儿就做出来了，觉得很神奇。姑娘加了足量的奶酪，十分美味。

从房间的窗户可以看到雪山，在日落后深蓝色的背景之下，雪山似乎充满着神秘的力量。夜里星星非常非常美，令人感动。这里海拔2870米，我盖了两床被子还是很冷。

第二天早上5点多，鼓起勇气爬起来，打着手电去往普恩山（Poon Hill），看传说中的日出。实际上也没那么黑，有月亮，有星星。爬了很久，才到山顶。我到的还算早吧。其实看不看日出也无所谓，重要的是五点多爬起来，面对黑暗，一个人独行。（其实很快就碰上各种游客啦，普恩山日出是甘杜克小环线的高潮。）普恩山海拔3210米，景色的确壮美，离雪山很近。

下山就容易多了，路上似乎把手表弄丢了，有些伤心，毕竟跟随

① 同上，第57页。
② 同上，第57页。

博物行记

了我十年。只能希望被人捡到善加利用了。想到人生中的种种失去，有时并非情有多深，只是对失去的东西太执着。另外，此时丢了手表，在蓝毗尼的内观期间需要把手机上交，这样就完全不用看时间了……这样也好。

从普恩山上看到的雪山

　　早饭后继续出发。走啊走，一开始一路雪山、草原风光，开阔而壮美。后来逐渐进入密林，路边开始出现积雪。刚开始还好，并不太滑，瞥到狭窄路面下的山谷，想起雪漠小说中"滚洼"的牛，于是小心翼翼地走。后来地面逐渐出现暗冰，走在一段上坡路时，鞋底不断打滑。调整姿势蹲在地上，依然有往下滑的趋势，只能手指抠进路边靠山一侧的半冰半雪之中，勉强维持不滑倒。太狼狈了。左手边就是山坡，我也确实没想过往后退。（也许这也是个办法！）后面一队游客过来了，有人告诉我把袜子套在鞋上可以防滑，这才想起怪不得刚才的休息点好多人似乎在套袜子。有人建议我把包拿下来。可此时我仅能勉强维持在原地，动弹不得，如何拿袜子啊，即便拿下包我也没信心走过去。所以非常困窘，几乎处于绝境，不知该如何是好。

此时，路上多次遇到的两个四川姑娘和她们的向导过来了。向导过来搭救！他让我把包取下给他，他先把包拿到上面去，然后下来把我拉上去，从边上的雪地走过去。So nice！然后他再下来接那两个四川姑娘。这段果然是最难最惊险的啊！我心中充满了对那个向导的感激！有种救命恩人的感觉……后来套上袜子，和他们一起走过这段最滑的路段。这两个姑娘也是非常热情、友好。我们从佛法聊到婚姻，她们比我大几岁，打算要孩子了，所以在这之前出来旅行。据说这个向导经历不凡，曾经为登山队做过向导，并且多才多艺，写过书出版。直到此时，我才有点明白向导的重要性，还有团队可以在一些危急时刻相互提供支援。

可我还是想一个人走。况且他们的行程安排比我少一天，当天还要再走三个小时的路，我有些累了，就在一个村落聚点与他们分手了。

第四天晚上住在古荣族的村落。竟然还有个很小的古荣博物馆，里面陈列着传统的生活用品：锅、碗、灶台、床、衣服等，十分有趣。博物馆是一个家庭在经营，旁边就是他们开的旅馆。据说房子是祖上留下的，有几百年的历史。

第五天早饭时尝试了一下所谓的"汤面"（noodle soup），竟是纯粹的方便面，太没创意了……

收拾好行囊，继续赶路。太阳逐渐升高，从云彩的缝隙中，射出一缕一缕的光线。生活在这样远离城市文明的山村，满目皆是树木、山石、河流、花草、动物，人们会怎样感知这个世界，世界又是如何呈现呢？我想，那可能是个完全不同的世界，会用另一种语言来思考。思维也可能会弱化，因为与大自然的深不可测相比，人类用语言、概念所构造的世界显得幼稚而肤浅。此时，在阳光的照耀下，现代社会中的概念、规则以及无止境的欲望，犹如虚幻的梦影。

最后经过的一个村子满是梯田。在那里离终点Nayapul已经不远，有班车和各种小汽车可以直达。已经快到中午了，估计还有两个小时的路程，看着这些车辆多少有点被诱惑。可是，我不是来徒步的么，坐什么车啊？此时，遇到一个德国姑娘，也是一个人，拿着登山杖走得飞快，小环线只用三天走完。她还背着个单反相机，拍了不少梯田的照片。不久，又在乡村小学附近的小茶馆里看到她，我也进去要了杯奶茶。听她说很喜欢这个国家，打算在尼泊尔待两个月。

喝完奶茶后继续上路。最后一段路海拔比较低，是宽阔的土路，时而有河流相伴。我看到路边的农田、房屋、商店。我看到女人和孩子。一路上想到很多，从远古以来，人类就这样繁衍，一代又一代。但是我不想再想这些了，对这些无止境的思维，我已经厌倦了。重要的不是深入体验当下的存在么？可思维却使我无法接触到当下……

蓝毗尼

第二个主题就是到蓝毗尼参加十日内观课程了。"内观"这个词早就听说过，去年暑假在色达的时候听说有人在尼泊尔参加禅修，但是这次去还是挺偶然的。出发前上网查找攻略时，我看到一篇博文，其中作者写了在加德满都参加十日禅修的经历。于是我去看了国际内观中心的网站[1]，发现尼泊尔境内有好几个内观中心，它们都定期开设一些课程[2]，在网上接受预约报名。蓝毗尼中心的日程对我来讲是最适合的，在佛陀的诞生地禅修也会有很大的加持力吧！

2月14日早上8点我从博卡拉坐大巴出发，下午两点多到达蓝毗尼。在佛祖出生地附近有个寺庙区，从20世纪70年代开始几乎世界各地的佛教国家都在这里修建了庙宇。寺庙区域的对面就是蓝毗尼市场，在那里有不少可供选择的旅馆，我在其中的一个家庭旅馆住下。这里属于德赖平原地区，气候与地处山区的博卡拉截然不同，比较潮湿，温度也高，蚊子很多。旅馆的小伙子十分体贴地送来蚊香，我晚上用自带的火柴点着，由于潮湿，试了很多根火柴才点燃。

下午四五点钟，我跑出旅馆，去寺庙区逛逛。夕阳很美，已经很低，快要下山了。有些人往相反的方向走，应该是游览完出来了，似乎只有我向里面走。我先去找到将要待十天的内观中心。从外表看去十分低调，没有任何引人注目之处。里面一个做志愿者的老学员告诉我明天下午两点以后过去。之后又去看了摩耶夫人祠，那里是寺庙区唯一的古迹，里面有阿育王石柱和标志佛祖出生地的一块石头。一些穿着

---

① http://www.dhamma.org

② 差不多每个月都有。其中新学员只能参加十天的课程，老学员可以参加一天或两天的短期课程。

军装的人在检票、维护秩序，感觉有些奇怪。我在阿育王石柱前方坐下，念了几段普贤行愿品。从摩耶夫人祠出来，天几乎已经黑了。一个人走入黑暗，没有路灯，手电忘带了，只有一个指南针和手机微弱的亮光。道路被广阔的湿地环绕，空气中密集着很多蚊子，扑向嘴中、鼻孔中。经过迷路、问路，终于走出了黑暗，回到旅馆。

第二天早上，在住处对面的餐馆吃了早饭。烤土司片抹黄油和果酱，以及加糖的奶茶。回到旅馆又阅读了几页《内观：葛印卡教授的解脱之道》[①]。吃过午饭之后就退了房，走向寺庙区。走到中华寺的门口，整体感觉十分有气派。可以看见门厅里有个金色的佛像，大概是弥勒佛。隐约看到里面的大雄宝殿。不过我没进去看，背着大包有些不方便。

报道时间还没有到，我继续在大乘佛教区域行走，还看到了其他一些国家的寺庙，如韩国寺、越南寺，都十分美丽，我也都只是在外面欣赏了一下。来参观的人不多，没有想象中"各地信徒络绎不绝"的场面。跨过联通大小乘区域的拱桥，走到对面小乘的一方。一水相隔，大乘、小乘真的如此决然分别么？不过还好，水面上有多座桥梁相通。走累了，找个地方坐下休息。天灰蒙蒙的，泛着一点点的蓝。

十日内观

下午两点，我前往内观中心报到。填了一堆表，一个上岁数的男性志愿者带我找到宿舍房间。是个很小的单间，两扇窗，一个水泥砌成的窄床，有独立卫生间。对此我十分满意。

---

① 该书英文原版 *The Art of Living* 可在网上免费下载。

五点之前，要把几乎除了衣服和洗漱用品之外的所有东西寄存。包括钱财、书籍、笔纸、宗教物品、手机、随身听、零食。我问志愿者是否可以留下葛印卡（S. N. Goenka）老师的著作，得到的回答是这里会有安排的课程，在此期间不需要自己看书。嗯，严格一点好。

经过了在路上多日的漂泊，旅游区的喧嚣与诱惑，徒步行的一途接着一途，我现在只想坐下来修行。接下来的十天过得十分缓慢，尤其是前几天。

课程期间有严格的作息。早上四点起床，四点半开始在大厅打坐，除了早饭、午饭、下午茶及饭后的休息，基本上都是在打坐。晚上七点到八点多观看葛印卡老师的视频讲授。九点半回寝室洗洗睡了。事实上，由于所有的书籍、纸笔都上交了，除了洗洗睡了也没别的什么事情好做。其他的活动几乎只剩下洗衣服了。并且，课程期间严格止语，除了有问题可以和老师或助教沟通之外，学生之间一律不能说话，肢体语言也不允许。

具体修行中还是遇到了很多的障碍。主要有：① 坐下很容易犯困，尤其是早上，那种挣扎着却醒不来的困。② 终于清醒了，可是杂念不断涌现，甚至陷入其中。③ 腿疼，想要换姿势。④ 怀疑，对教法产生疑问。

就这样在这些障碍轮番的袭击之中，难得有机会按照指示去观呼吸，观觉受。心中经常充满沮丧。不仅如此，我越来越看到"自我（ego）"的强大力量。在坐中，似乎所有那些曾困扰我的问题，都轮番涌现，我不断陷入思维中。在一圈又一圈的追问之下，我明白了，这是个陷阱，什么样的解答能使"自我"满足呢？思维的胃口是永无止境的。你说宇宙始于奇点，那么之前呢，在时间开始之前呢？

即便是在修行中，也经常掺杂着"自我"的动机。比如与他人比较，会产生羡慕的情绪，这会成为很大的障碍。当时，我似乎突然间明白了，在大乘佛教中，为什么要发愿度化一切众生，使他们离苦得乐，为什么要将所有功德回向。如果不能放下自我，根本不可能达到最终的解脱。而要真正放下自我，是最难的一件事情。有时，光想想就会觉得恐惧。若是没有这个自我，没有这些编造的故事，我又是谁呢？而那个"真心"，对于没有见到它的人来讲，也只是个概念上的存在。

葛印卡老师气场强大，他唱的梵歌可以追溯到佛陀的年代。我和其他几个外国人每天晚上在一个小厅里面观看他以英语讲授的课程。还好之前看了他的著作，对于重要的概念都有所了解，才能差不多听懂他的英文授课。尽管葛印卡老师已于2013年去世，可那种感染力依然通过影像得以传递。内观教法特别注重个人直觉体验中形成的智慧（experiential wisdom）[1]，并且以此作为修行的入手点；同时也强调原始佛教的非宗教性——佛陀并非想使人们皈依另一种信仰，而是教授人们一种修炼的方法，以达到心灵的自由与宁静。

与朴素的教法相对应，内观中心的建筑风格也简单。在我们打坐的大厅里，完全没有任何装饰，墙体是白色的，铺着绿色的地毯，前面老师的座位上覆盖着白布，电视机上也以白布遮蔽。对于学生，要

---

① 佛家有三慧，第一种是"闻慧"，指从别人那里听来的智慧；第二种是"思慧"，指通过思维分析获得的智慧；这里所说的来自个人直觉体验的智慧大概即对应汉语中的"修慧"。前两者自然也必不可少，但是只有第三种"修慧"才能真正净化人的内心，解脱痛苦。

求不能佩戴任何宗教物品。

第十天上午，通过双语的录音（尼泊尔语和英语），葛印卡老师教我们慈心观。把爱散发给一切众生，May all beings happy（愿众生幸福）。如此的慈悲让人感动得要流泪。我使劲忍着，还是没忍住。隐约听到有人在哽咽，但普遍还比较淡定。记得当初在色达佛学院，去见丹增活佛，听他念经，很多人都哭了。众生的苦，上师的慈悲，穿透坚硬的外壳，直抵内心深处。

早上慈心观课程之后，在大厅之外学生间不再禁语了。大家看起来都很兴奋。只是我很沮丧，觉得自己很失败。所有要求严格保持不动的静坐冥想时段[1]我都没有坚持下来，总是中间换姿势！每当坐着很难受时，我都想——"难道我是来练习瑜伽姿势的么，这么痛苦完全无法练习'观'啊！"于是就换个姿势。相比之下，周围很多人都在那期间保持一动不动。（我也不想睁着眼睛东张西望，可是因为经常昏沉，闭上眼睛的话就更容易睡着了！）

于是第十天下午静坐时，我决心一定要坚持下来，不再给自己找借口。到后来腿特别疼的时候，就生忍着，终于熬到听见结束时的引磬之声。痛苦的感受的确受到心态的影响。当我内心对这个"疼"充满抗拒、厌恶的时候，疼痛就变得特别难以忍受；当我一遍遍地默念"接受它"，放下抗拒的心理模式时，则可以相对平静地与疼痛共处。

后来听旁边姑娘说，她坐时腿也很疼，甚至担心"Is it going to die？（是不是要死了？）"尽管外表平静，她在坐中曾涌现出童年时

---

[1] 每次一个小时，每天有三次。

被小伙伴孤立的情景，令她十分痛苦。之前她曾学习过其他的修行方法，比如连续坐五六个小时，重复念一句咒语。现在她进行环球旅行，想为人类找到一种更好的生活方式，还刚刚自创了一个非政府组织。而坐在我前面的老太太来自荷兰，今年65岁，已经有四十年的修行经历。她每次坐前都会向老师恭敬顶礼，结束时也如此。止语期间她看起来很严肃，但止语结束后，她十分热情地给予一些年轻的同修指导。那个坐起来一动不动的日本姑娘竟然只有21岁。她休学一年独自出来旅行，到过北京。比划了半天，我才明白她是说去过长城……

课程结束后的第十一天，我和几个同修拼车去附近的几个圣地朝圣。对我来讲，相比于佛诞地，悉达多太子生活过29年的迦毗罗卫国遗址①更有象征意义。正是在这里，悉达多太子生起了出离心。拥有世间的荣华富贵，娇妻爱子，这一切却无法挽留住他的心。

我和两个尼泊尔男同修坐一辆车，之前10天由于男女活动区域截然分开，我们与男性同修没有任何接触。其中一人在波士顿某大学获得硕士学位，移民美国从事IT行业，他第一次参加十日内观是在波士顿的内观中心，据说中国人很多，午餐提供中餐。另一位尼泊尔男士看起来轻松自在，只是英语不太好，沟通比较困难。另外的一辆车上是三位来自欧洲的女士。有两个尼泊尔人带路，我们去了几个圣地参观，包括释迦佛的父亲净饭王为他修建的寺庙Kudan和净饭王的坟墓，还有另外一个古佛的出生地。

在迦毗罗卫国遗址，看到的真的只是些遗址：一些建筑的地基轮廓。

---

① 历史上的迦毗罗卫国在蓝毗尼以西约29千米处的Tilaurakot。

露出表面的砖也是后来各国考古研究者堆砌的，在这下面才是2500年前宫殿的原始墙砖。所以更重要的是去想象。悉达多太子曾经在这里过着锦衣玉食的生活，然而面对生命的无常、美丽浮华之下的丑陋、五欲妙乐的转瞬即逝、生老病死之苦，他无法使自己麻痹，沉溺其中。尽管净饭王采取了种种措施试图把悉达多太子锁在这个王宫之中，他还是在一个深夜从东门逃离了这里。那时他29岁，从此之后，他过

蓝毗尼附近 Kudan 寺庙遗址的巴利经文

蓝毗尼附近 Kudan 寺庙遗址；
佛陀的姨母送给佛陀僧衣的画

上沙门①的生活，不再是悉达多太子。

看看周围的尼泊尔男子，想来悉达多太子的样貌大概和他们差不多吧。

晚上六点多的大巴，从蓝毗尼回加德满都。内观中心的负责人Metta②送我和其他几个人一起去车站。我看他衣着有点像僧侣，总是戴着灰白色的毛线帽子，背着个黄色的僧包，举手投足似乎都在正念中，于是问他是不是出家人。他于是反问我，什么是出家，穿上僧衣就是出家人么。他大概是"心"出家了。也真是不落名相。葛印卡

迦毗罗卫国遗址

老师和他的老师萨亚吉·乌巴庆（Sayagyi U Ba Khin）都是在家居士，学生也多为在家人，并且欢迎具有其他宗教背景的人士来学习内观。后来交谈中得知他是蓝毗尼内观中心的负责人，事无巨细，都由他操办（也有其他一些志愿者和雇用的厨师帮忙）。课程顺利结束，他终于松了一口气。我问他以后会不会成为老师带领禅修。结果又被反问回来，什么是老师，坐在前面就是老师么？的确，他身上所散发的宁静气质，做事时保持正念，都在无形中带给人以启发。

从蓝毗尼到加德满都

2月27日晚上六点多坐上大巴，预计第二天早上六七点到达加都。行驶没多久，上来一个尼泊尔青年坐在我旁边。不知不觉几乎聊了一路。他英语很好，上的是用英语教学的中学。外表很成熟的尼泊尔青年与我同岁，大学毕业后从事建筑设计工作。他去加都是为了周末参加朋友的婚礼。我们从种姓制度聊到包办婚姻，从农药化肥的施用聊到三峡大坝的生态破坏，从宰牲节受到的指责聊到他最喜欢的节日——洒红节[1]，从各种中国制造的商品聊到他周末经常和朋友一起做 momo[2]，他还问我是否信仰共产主义……

尼泊尔青年来自高种姓的家庭，他的爷爷有两个妻子，父母在村里开了服装店，收入不菲。但他从小就接触到西方文化，喜欢看英语电影，爱听欧美流行音乐，还会弹吉他。他还是个无神论者，相信自然主义。这在印度教徒占绝大多数的尼泊尔，多少有些格格不入。传

博物行记

---

[1] 节日期间人们互相泼洒彩色粉末，庆祝春天的到来。

[2] 尼泊尔传统食物，类似蒸饺。

统上尼泊尔女性要承担所有家务，但他本人并不认同这点，愿意与未来的妻子分担家务。不过他依然热爱自己的国家，打算过几年去澳洲读个硕士，然后回家乡工作。

　　我问他尼泊尔人是不是都很开心，总是无忧无虑的。他开玩笑说，他们是装出来的，哈哈哈……在城市生活普遍还是压力很大，为了养家糊口，人们很少有时间放松。但他也承认尼泊尔人的确心态比较好，即便生活境遇不好，忧愁烦恼又有何用，为什么要把生活搞得更加复杂呢？每年雨季时，平原地带不少地方被洪水肆虐，人们不得不迁徙，流离失所，生活十分艰辛。不过即便如此，人们普遍还都保持着积极乐观的态度。后来发现我们有个共同的爱好——下厨房，于是他向我

传统的尼泊尔套餐

分享了一些传统食物的做法，十分有趣。

再见拉萨

2月27日早上到达加德满都，从蓝毗尼的静修之地一下子回到嘈杂的城市，感觉有些不适应。找好旅馆后，又去看了号称是亚洲最大佛塔的博德纳大佛塔。上面依然有尼泊尔标志性的佛眼，注视着世人，仿佛洞悉了人世的种种。

2月28日早上五点出发去往樟木，下午再坐藏族司机的车回拉萨。藏族司机似乎不会开慢车，再加上多有弯路，使得同车的驴友高原反应更加严重。很快就进入寒冷的藏区，离樟木不远的地方还在下雪。高原的天空、草原、雪山，都是那么纯粹。天黑后，月光明亮。

3月1日凌晨三点钟到达拉萨，又住进了朵森格路天堂时光客栈，还是原来的房间，能看到美丽的布达拉。已经托朋友买好3月1日中午回北京的火车票。睡了几个小时后，早上七点多起来，八点半步行前往大昭寺，去见"觉沃佛"——文成公主带去的释迦牟尼佛十二岁等身像。

前来朝圣的藏族依然很多，他们耐心地排队等待。我买了门票，作为游客可以直接进去。如果像他们那样一个"拉康"① 一个"拉康"地去供养朝拜，不知道要在里面待多久，况且我也没带供灯的酥油……所以我只看了几个。觉沃佛是看到了，与照片中的一样。出来后，面向大昭寺做了三次礼拜，以身、语、意顶礼上师三宝，此行圆满。

---

① 佛殿，里面供奉着不同的佛像或上师像。

时间还早，进了附近一家小茶馆。要了一壶酥油茶，就着啃起在旁边馒头店买的发面饼。面饼十分好吃，在北京很少吃到纯粹的发面饼。本来是想喝甜茶的，可惜店里没有，酥油茶淡淡的，一个人喝了好多杯也喝不完。边喝边在日记本上写："从葛印卡老师的内观教法到大昭寺富丽堂皇的塑像、装潢，前者说不要把佛当成偶像来崇拜，若以色见我，以音声求我，是人行邪道①；但后者初看起来就是在膜拜一些塑像。或者，对于广大藏民来说，这可能是一种情感上的联结，一种有所依托的安全感。更深一步，可以把塑像看做一种精神的象征，顶礼佛菩萨，即是发愿皈依那种精神。可当时就是有些困惑……"

后记

开始写这篇游记没几天，听说尼泊尔地震了。后来看到网络上的照片，加德满都很多古迹都在地震中被毁。曾经的杜巴广场变成一片废墟，我画过素描的猴庙佛塔已经倒塌。遇见的那些尼泊尔人也不知他们是否安好。原来一切都不坚固。

祝愿那些总是微笑着说 Namaste② 的尼泊尔人早日恢复正常的生活。

May all beings be happy.

(马洁 2015 年 5 月 5 日初稿；2015 年 5 月 15 日修改)

---

① 这个不是葛印卡老师讲的，是我想到了《金刚经》。
② 尼泊尔人相互问候的用语，意思是"向你心中的神灵致敬"。

图书在版编目(CIP)数据

博物行记/杨莎主编.— 北京:中国科学技术出版社,2016.10(2019.10 重印)

ISBN 978-7-5046-7240-7

Ⅰ.①博… Ⅱ.①杨… Ⅲ.①博物学–文集 Ⅳ.① N91–53

中国版本图书馆 CIP 数据核字 (2016) 第 230971 号

策划编辑　杨虚杰
责任编辑　鞠　强　赵慧娟
装帧创意　林海波
设计制作　犀烛书局
责任校对　刘洪岩
责任印制　马宇晨

出　　版　中国科学技术出版社
发　　行　中国科学技术出版社有限公司发行部
地　　址　北京市海淀区中关村南大街 16 号
邮　　编　100081
发行电话　010–63583170
传　　真　010–63581271
网　　址　http://www.cspbooks.com.cn

开　　本　880mm×1230mm　1/32
字　　数　150 千字
印　　张　8
版　　次　2016 年 10 月第 1 版
印　　次　2019 年 10 月第 2 次印刷
印　　刷　河北远涛彩色印刷有限公司

书　　号　ISBN 978-7-5046-7240-7 / N·214
定　　价　45.00 元

博物行觀

博物行觀

博物行觀